安吉小鲵国家级自然保护区

Hynobius amjiensis National Nature Reserve

鸟类图鉴

Bird Species Identification Guide

主　编　郎泽东　刘宝权　汪贤挺

副主编　俞立鹏　潘德寿　温超然　杨宇博　何　莹　朱玉兰

ZHEJIANG UNIVERSITY PRESS
浙江大学出版社 | 全国百佳图书出版单位

图书在版编目（CIP）数据

安吉小鲵国家级自然保护区鸟类图鉴 / 郎泽东，刘
宝权，汪贤挺主编. — 杭州 ： 浙江大学出版社，2022.1
ISBN 978-7-308-22184-9

Ⅰ．①安… Ⅱ．①郎… ②刘… ③汪… Ⅲ．①自然保
护区－鸟类－安吉县－图集 Ⅳ．①Q959.708-64

中国版本图书馆CIP数据核字(2021)第269834号

安吉小鲵国家级自然保护区鸟类图鉴

郎泽东　刘宝权　汪贤挺　主编

责任编辑	季　峥	
责任校对	潘晶晶	
封面设计	刘宝权　BBL品牌实验室	
出版发行	浙江大学出版社	
	（杭州天目山路148号　邮政编码：310007）	
	（网址：http://www.zjupress.com）	
排　　版	杭州林智广告有限公司	
印　　刷	浙江海虹彩色印务有限公司	
开　　本	889mm×1194mm　1/16	
印　　张	13	
字　　数	213千	
版 印 次	2022年1月第1版　2022年1月第1次印刷	
书　　号	ISBN 978-7-308-22184-9	
定　　价	288.00元	

浙江大学出版社市场运营中心联系方式：(0571) 88925591；http://zjdxcbs.tmall.com

《安吉小鲵国家级自然保护区鸟类图鉴》
编辑委员会

前　言
PREFACE

　　浙江安吉小鲵国家级自然保护区（原安吉县龙王山省级自然保护区，简称保护区）位于浙江省安吉县西南部，地处浙、皖两省安吉、临安、宁国三县（区、市）交界处，与浙江天目山国家级自然保护区相邻。保护区总面积12.425km²，主峰海拔1587.4m（为浙北第一高峰），森林覆盖率95.8%，是浙江省生物多样性最丰富的区域之一。1985年8月，安吉县龙王山省级自然保护区建立，重点保护落叶阔叶林植被。2017年7月，升格为浙江安吉小鲵国家级自然保护区，成为浙江省唯一一个以动物命名的国家级自然保护区，主要保护对象调整为安吉小鲵及银缕梅等珍稀濒危动植物。

　　1999年，元晖通过"龙王山自然保护区野生动物资源调查"项目首次查明保护区有鸟类16目37科164种。

　　1999—2002年，朱曦等对保护区的鸟类进行专项调查，记录鸟类17目42科165种。

　　2007年，苏秀等综合历史资料报道保护区共有鸟类16目38科165种。

　　2011—2013年，由浙江省森林资源监测中心、浙江农林大学、浙江省自然博物馆、安吉县林业局等单位组建的科考组对保护区生物多样性开展了新一轮的调查，共记录鸟类13目41科142种。

　　2020年，浙江省森林资源监测中心在保护区开展鸟类专项调查，并结合历史调查资料，依据《中国鸟类分类与分布名录（第三版）》（2017）的分类系统，整理出保护区最新版鸟类名录，共计13目47科171种。

　　本书依据《国家重点保护野生动物名录》（2021）、《浙江省重点保护陆生野生动物名录》

（2016）、《中国生物多样性红色名录——脊椎动物卷》（2015）等资料，系统记载了保护区内鸟类物种资源情况，分总论和各论两部分进行论述。总论记述了保护区自然地理概况、自然资源概况、鸟类物种组成、鸟类区系特点。各论详细描述了各个鸟种的生物学信息，包括中文名、拉丁名、目名、科名、居留型、保护与濒危状况、特征、习性、种群状况等，每种附彩图2~5幅，全书共附彩图400余幅。本书共收录保护区鸟类171种，其中国家重点保护鸟类30种，浙江省重点保护鸟类19种。值得注意的是，保护区面积（12.425km^2）只占浙江省陆地面积（101800km^2）的约0.01%，拥有的鸟种数却占全省鸟类总数（551种）的31.03%，鸟类资源丰富，栖息地生境保护价值高。

衷心希望本书的出版能进一步激发人们亲近自然、热爱自然、保护自然的热情，爱好自然，爱护生物，共同呵护我们身边这些可爱、珍贵的"小精灵"，促进人与自然和谐相处；进一步促进浙江安吉小鲵国家级自然保护区及浙江省其他自然保护地的科学保护与有效管理。

由于考察与编撰时间较短，且编者水平有限，书中难免有疏漏和不足之处，恳请各位专家和读者批评、指正。

编　者

2021年12月

保护区风光 / 胡忠於　摄

目　录
CONTENTS

总 论

保护区风光 / 胡忠於 摄

第一节　保护区自然概况

一、自然地理概况

浙江安吉小鲵国家级自然保护区（原安吉县龙王山省级自然保护区，简称保护区）位于浙江省湖州市安吉县西南部，地处西天目山山脉北侧，东、南面与浙江天目山国家级自然保护区接壤，西、北面与灵峰寺林场、章村镇为邻，是上海市的地标河流黄浦江的源头，主体为龙王山。保护区地理坐标为北纬119°23′48″~119°26′38″，东经30°22′31″~30°25′12″。保护区总面积为1242.5hm²，其中，核心区面积为567.1hm²，缓冲区面积为143.9hm²，实验区面积为531.5hm²。保护区是以保护安吉小鲵、银缕梅等珍稀濒危动植物及大面积亚热带天然（栎类）落叶阔叶林为主的森林与野生动物类型自然保护区。

（一）地质地貌

保护区属天目山山脉中心地区北部构造侵蚀剥蚀中低山型地貌，山脉多数呈西南—东北走向，海拔314.5~1587.4m。其中，海拔1500m以上的山峰有5座，均位于保护区南缘；最高峰龙王峰海拔1587.4m，为浙北第一高峰。保护区地势北西低、南东高，南东侧山峰连绵起伏，构成海拔1000~1300m的第四级夷平面。保护区最高处海拔1587.4m，最低处海拔314.5m，相对高差近1300m；巨大的海拔高差形成典型的V形河谷以及密布的冲沟。

保护区主峰——龙王峰（红色区域）山脉 / 胡忠於　摄

保护区富含火山灰物质的岩石为良好的成土母岩，潮湿的亚热带气候条件促进了岩石风化成壤和植物生长。保护区典型的火山岩地貌以及相对稳定的构造环境，为珍稀动植物的繁衍和保护提供了良好的自然环境。

火山喷发后火山灰堆积而形成高山湿地景观——千亩田湿地
/ 汪贤挺　摄

（二）水文

保护区位于长江水系西苕溪支流流域。区内主要溪流有东西走向的千亩田溪和南北走向的马峰溪。千亩田溪与马峰溪在石坞口汇合后流入西苕溪。

保护区多年平均地表径流量约为 $0.12 \times 10^8 m^3$，多年平均径流深1027.1mm，径流量的年内分配与降水量的年内分配相似，6—8月最多，为 $0.058 \times 10^8 m^3$，占全年径流量的47.1%。西苕溪经太湖至上海黄浦江入海，故龙王山有"黄浦江源头"之称。

（三）土壤

保护区山体龙王山土壤主要由侏罗系凝灰岩构成，另有少量流纹岩，属酸性火成岩，含深色矿物少。在此类母岩上发育的土壤具有色泽较浅、酸性较高的特性。此外，土壤的垂直分布规律也体现了亚热带向温带过渡的气候特征，从山麓到山顶依次有红壤、山地黄壤、山地黄棕壤、山地草甸土以及小面积的山地沼泽土。

黄浦江源瀑布 / 胡忠於　摄

泥炭藓沼泽湿地 / 胡忠於　摄

二、自然资源概况

（一）森林资源

保护区土地中，林业用地面积1229.3hm²，非林业用地面积13.2hm²，分别占保护区土地总面积的98.9%和1.1%。整个保护区森林覆盖率为95.8%。乔木树种活立木总蓄积量11.3×10⁴m³，毛竹1.058×10⁴株。

（二）野生植物

保护区地处中亚热带北缘，由于海拔高差较大，地形复杂，植物种类丰富，所以植被垂直分布较明显，从低到高为亚热带常绿阔叶林—亚热带落叶阔叶林—温带针叶林，在海拔1300m处有山地沼泽植被。保护区的地带性植被是中亚热带常绿阔叶林，落叶阔叶林则是中亚热带北缘山地的一个典型而独特的类型，以短柄枹林分布最广。

保护区是浙江省植物资源最丰富的地区之一。通过多次实地调查考察和有关资料的收集整理发现，保护区共有野生或野生状态的维管束植物156科684属1478种，科、属、种分别占浙江省维管束植物科、属、种的66.5%、46.6%、30.1%。其中，蕨类植物27科61属130种；裸子植物6科9属12种；被子植物123科614属1336种（双子叶植物109科483属1083种，单子叶植物14科131属253种）。重点保护及珍稀濒危植物有108种，隶属41科82属，包括蕨类植物1科1属1种，裸子植物3科5属6种，被子植物37科76属101种。其中，国家重点保护野生植物有34种（国家一级重点保护野生植物有银缕梅、银杏、南方红豆杉3种，国家二级重点保护野生植物有巴山榧、榉树、凹叶厚朴、香果树、白及、杜鹃兰、华重楼、天目贝母、中华猕猴桃、金钱松、黄山梅、鹅掌楸等31种）；浙江省重点保护野生植物有天目木姜子、全叶延胡索、杜仲、膀胱果等37种。

鹅掌楸 / 张芬耀 摄

银杏 / 张芬耀 摄

南方红豆杉 / 张芬耀 摄

香果树 / 张芬耀 摄

金钱松 / 张芬耀 摄

银缕梅 / 郎泽东 摄

（三）野生动物

保护区山高林密，人口稀少，蕴藏着丰富的动物资源。在动物地理区划上，保护区属于东洋界中印亚界华中区东部丘陵平原亚区的偏北部分；从种类的地理区系类型上看，古北界种类与东洋界种类混杂分布，以东洋界种类占优势。最新的调查显示，保护区内共有脊椎动物307种，其中，淡水鱼类3目7科24种，两栖类2目8科25种，爬行类3目8科38种，鸟类13目47科171种，兽类8目20科49种，分别占浙江省鱼类、两栖类、爬行类、鸟类、兽类物种数的16.4%、51%、46.3%、31.0%、49.5%。保护区保存了众多的珍稀动物资源，拥有中国特有的世界极危物种安吉小鲵、国家一级重点保护野生动物9种（安吉小鲵、黑麂、梅花鹿、白颈长尾雉、穿山甲、小灵猫、云豹、豹、豺）、国家二级重点保护野生动物41种（猕猴、豹猫、黑鸢、蛇雕、凤头鹰、林雕、勺鸡、白鹇、中华鬣羚、中国瘰螈、乌龟、黄缘闭壳龟等）。另外，保护区内有昆虫21目222科1110属1740种，约占浙江省昆虫总物种数的24.3%。

白颈长尾雉／红外相机 摄

白鹇／温超然 摄

黑麂／红外相机 摄

梅花鹿／红外相机 摄

安吉小鲵／郎泽东 摄

豹猫／红外相机 摄

保护区在两栖动物资源方面具有独特的优势。区内两栖动物种群数量大，特有物种数量多，生物多样性程度高。例如，秉螈在最近80年，仅龙王山有分布记录；安吉小鲵为中国特有种，也是世界极危动物，全球仅在本保护区及浙江清凉峰国家级自然保护区有分布记录；凹耳蛙是一种对研究动物声通信进化具有重要价值的物种，其分布地区狭窄，目前仅在本保护区、建德、黄山等地有分布记录。

（四）其他自然资源

保护区内山清水秀，鸟语花香，夏无酷暑，气象万千，旅游资源丰富。由于地形地貌复杂，地形切割剧烈，保护区形成了断层峡谷、飞瀑碧潭等各种独特的自然景观，侵蚀地貌所产生的瀑、潭、嶂等景观有的如气贯长虹，有的似野马狂奔，雄浑壮观，妙不可言。保护区气象景观也非常丰富，一年四季变幻无穷。

保护区四季景观
／胡忠於　摄

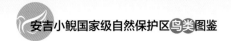

第二节 物种组成与区系特点

一、鸟类组成

　　保护区共记录鸟类171种（见附录），隶属13目47科（见表1）。其中，雀形目物种数最多，共32科117种，占保护区鸟类总物种数的68.4%；其次为鹰形目，共1科12种，占保护区鸟类总物种数的7.0%；其余各目物种数均不超过10种。

表1　保护区鸟类组成与保护级别

目	科	种	保护级别	
			国家一级	国家二级
鸊䴘目	1	4		
鹰形目	1	12		12
隼形目	1	2		2
鸡形目	1	5	1	2
鹤形目	1	2		
鸽形目	1	2		
鹃形目	1	7		
鸮形目	1	7		7
夜鹰目	2	2		
佛法僧目	2	4		
犀鸟目	1	1		
啄木鸟目	2	6		
雀形目	32	117		6
合计（13目）	47	171	1	29

二、居留型

　　在居留型方面，保护区中留鸟最多，有101种，占保护区鸟类总物种数的59.1%；冬候鸟30种，占保护区鸟类总物种数的17.5%；夏候鸟27种，占保护区鸟类总物种数的15.8%；旅鸟13种，占保护区鸟类总物种数的7.6%。在留鸟、冬候鸟、夏候鸟、旅鸟中，物种数最多的都是雀形目鸟类，分别为68种、24种、12种、13种，分别占保护区留鸟、冬候鸟、夏候鸟、旅鸟物种数的67.3%、80.0%、44.4%、100.0%。

三、地理区系类型

　　在地理区系类型方面，保护区鸟类中东洋界种最多（114种），占保护区鸟类总物种数的66.7%；古北界种54种，占保护区鸟类总物种数的31.6%；广布种3种，占保护区鸟类总物种数的1.8%。在留鸟和夏候鸟中，东洋界种占比最大，分别占保护区留鸟和夏候鸟物种数的86.1%、88.9%；在冬候鸟和旅鸟中，古北界种占有绝对优势，分别占保护区冬候鸟和旅鸟物种数的90.0%、100.0%；在记录到的128种繁殖鸟（夏候鸟和留鸟之和）中，东洋界种最多，共111种，占保护区繁殖鸟物种数的86.7%。

四、珍稀濒危和保护物种

在保护区记录到的171种鸟中，国家一级重点保护鸟类有1种，为白颈长尾雉；国家二级重点保护鸟类有29种，主要为鹰形目（12种）、鸮形目（7种）和雀形目（6种），其余为隼形目（2种）和鸡形目（2种）（见表1）。

被《世界自然保护联盟濒危物种红色名录》（简称《IUCN红色名录》）列为近危（NT）的有1种，为白颈长尾雉；其余170种为无危（LC）。被《中国生物多样性红色名录——脊椎动物卷》（简称《中国生物多样性红色名录》）列为易危（VU）的有2种，为白颈长尾雉、林雕；近危（NT）的有15种；数据缺乏（DD）的有1种，为日本鹰鸮；其余153种为无危（LC）。

五、中国特有种

保护区中有中国鸟类特有种8种（见表2），分别为灰胸竹鸡、白颈长尾雉、黄腹山雀、银喉长尾山雀、华南斑胸钩嘴鹛、棕噪鹛、乌鸫、蓝鹀。

表2 安吉小鲵国家级自然保护区国家重点保护及中国特有鸟类

目、科、种	保护级别	中国鸟类特有种	居留型	地理区系类型
鸡形目GALLIFORMES				
雉科Phasianidae				
1. 灰胸竹鸡*Bambusicola thoracica*		+	留鸟	东洋界
2. 勺鸡*Pucrasia macrolopha*	国家二级		留鸟	东洋界
3. 白鹇*Lophura nycthemera*	国家二级		留鸟	东洋界
4. 白颈长尾雉*Syrmaticus ellioti*	国家一级	+	留鸟	东洋界
鹰形目ACCIPITRIFORMES				
鹰科Accipitridae				
5. 黑冠鹃隼*Aviceda leuphotes*	国家二级		夏候鸟	东洋界
6. 黑鸢*Milvus migrans*	国家二级		留鸟	古北界
7. 蛇雕*Spilornis cheela*	国家二级		留鸟	东洋界
8. 凤头鹰*Accipiter trivirgatus*	国家二级		留鸟	东洋界
9. 赤腹鹰*Accipiter soloensis*	国家二级		夏候鸟	东洋界
10. 日本松雀鹰*Accipiter gularis*	国家二级		冬候鸟	古北界
11. 松雀鹰*Accipiter virgatus*	国家二级		留鸟	东洋界
12. 苍鹰*Accipiter gentilis*	国家二级		冬候鸟	古北界
13. 灰脸𫛭鹰*Butastur indicus*	国家二级		冬候鸟	古北界
14. 普通𫛭*Buteo japonicus*	国家二级		冬候鸟	古北界
15. 林雕*Ictinaetus malaiensis*	国家二级		留鸟	东洋界

续 表

目、科、种	保护级别	中国鸟类特有种	居留型	地理区系类型
16. 鹰雕 *Nisaetus nipalensis*	国家二级		留鸟	东洋界
鸮形目STRIGIFORME				
鸱鸮科Strigidae				
17. 领角鸮 *Otus lettia*	国家二级		留鸟	东洋界
18. 红角鸮 *Otus sunia*	国家二级		留鸟	东洋界
19. 黄嘴角鸮 *Otus spilocephalus*	国家二级		留鸟	东洋界
20. 雕鸮 *Bubo bubo*	国家二级		留鸟	东洋界
21. 领鸺鹠 *Glaucidium brodiei*	国家二级		留鸟	东洋界
22. 斑头鸺鹠 *Glaucidium cuculoides*	国家二级		留鸟	东洋界
23. 日本鹰鸮 *Ninox japonica*	国家二级		冬候鸟	东洋界
隼形目FALCONIFORMES				
隼科Falconidae				
24. 红隼 *Falco tinnunculus*	国家二级		留鸟	东洋界
25. 游隼 *Falco peregrinus*	国家二级		冬候鸟	古北界
雀形目PASSERIFORMES				
山雀科Paridae				
26. 黄腹山雀 *Pardaliparus venustulus*		+	留鸟	东洋界
长尾山雀科Aegithalidae				
27. 银喉长尾山雀 *Aegithalos glaucogularis*		+	留鸟	古北界
莺鹛科Sylviidae				
28. 短尾鸦雀 *Neosuthora davidiana*	国家二级		留鸟	东洋界
林鹛科Timaliidae				
29. 华南斑胸钩嘴鹛 *Erythrogenys swinhoei*		+	留鸟	东洋界
噪鹛科Leiothrichidae				
30. 棕噪鹛 *Garrulax poecilorhynchus*	国家二级	+	留鸟	东洋界
31. 画眉 *Garrulax canorus*	国家二级		留鸟	东洋界
32. 白颊噪鹛 *Garrulax sannio*			留鸟	东洋界
33. 红嘴相思鸟 *Leiothrix lutea*	国家二级		留鸟	东洋界
鸫科Turdidae				
34. 乌鸫 *Turdus mandarinus*		+	留鸟	东洋界
35. 红喉歌鸲 *Calliope calliope*	国家二级		旅鸟	古北界
鹀科Emberizidae				
36. 凤头鹀 *Melophus lathami*			留鸟	东洋界
37. 蓝鹀 *Emberiza siemsseni*	国家二级	+	冬候鸟	东洋界

各论

领鸺鹠 / 温超然　摄

001 白鹭（鹭科 Ardeidae）
Egretta garzetta

《中国生物多样性红色名录》无危（LC）
《IUCN红色名录》无危（LC）

特 征 中型涉禽，体长52~68cm。嘴、脚较长，黑色，颈甚长，全身白色。繁殖期枕部着生2根狭长而软的矛状饰羽。背和前颈亦着生长的蓑羽。眼先粉红色，虹膜黄色，眼先裸出部分夏季粉红色，冬季黄绿色。胫和跗跖黑绿色，趾黄绿色，爪黑色。

习 性 繁殖期3—7月。喜集群，常成3~5只或10余只的小群活动。性较大胆，不畏人。常一脚站立于水中，另一脚曲缩于腹下，头缩至背上呈驼背状，长时间站立不动。行走时步履轻盈、稳健。以各种小鱼、黄鳝、蛙、虾、水蛭等动物性食物为食，也吃少量谷物等植物性食物。

生 境 栖息于丘陵和平原地区的溪流、水

郎泽东 摄

温超然 摄

塘、水田、河口、水库、江河等湿地区域。

居留型 留鸟。

种群状况 广泛分布于欧亚大陆、非洲、大洋洲。国内广泛分布，种群数量大且稳定，部分留鸟，部分迁徙。长江以北繁殖的种群多为夏候鸟，秋季迁到长江以南越冬，3月中下旬迁到北部繁殖地。长江以南繁殖的种群多不迁徙，为留鸟。在浙江属留鸟。保护区周边低海拔的湿地水田等生境数量众多，保护区内山谷溪流偶见。

002 池鹭（鹭科 Ardeidae）

Ardeola bacchus

《中国生物多样性红色名录》无危（LC）
《IUCN红色名录》无危（LC）

特　征 中型涉禽，体长37~54cm，是一种小型鹭类。嘴粗直而尖，黄色，尖端黑色。夏羽头、后颈、颈侧和胸栗红色，头顶有长的栗红色冠羽，羽长达背部，肩背部有长的蓝黑色蓑羽向后伸到尾羽末端；两翅、尾、颏、喉、前颈和腹白色。冬羽头、颈到胸白色，具暗黄褐色纵纹，背暗褐色，翅白色。虹膜黄色，脸和眼先裸出部分黄绿色，脚和趾暗黄色。

习　性 繁殖期3—7月。常单独或成小群活动，有时亦集成数十只的大群活动。性较大胆，不甚畏人。主要以昆虫为食，偶尔也吃少量植物性食物。

生　境 通常栖息于稻田、池塘、水库、山谷溪流等水域，及水域附近的竹林、树林。

居留型 留鸟。

种群状况 分布于中国、印度及东南亚，越冬多至马来半岛、印度，迷鸟至日本。国内常见于华南、华中及华北地区的稻田，种群数量众多。保护区周边低海拔农田生境分布较多，保护区内因适宜的湿地生境非常少，偶有记录。

郎泽东　摄

郎泽东　摄

003 夜鹭（鹭科 Ardeidae）
Nycticorax nycticorax

《中国生物多样性红色名录》无危（LC）
《IUCN红色名录》无危（LC）

特　征 中型涉禽，体长46~60cm。体较粗胖，颈较短；嘴尖细，微向下曲，黑色；脚和趾黄色。头顶至背黑绿色且具金属光泽，上体余部灰色，下体白色；枕部披有2~3枚长带状白色饰羽并下垂至背上，极为醒目。幼鸟上体暗褐色，有淡棕色羽干纹和白色或棕白色星状端斑；下体白色，缀满暗褐色细纵纹，尾下覆羽棕白色。幼鸟嘴先端黑色，基部黄绿色，虹膜黄色，眼先绿色，脚黄色。虹膜血红色，眼先裸露部分黄绿色，胫裸出部、跗跖和趾角黄色。

习　性 繁殖期4—7月。夜行性鸟。喜结群，常成小群于晨昏和夜间活动，白天结群隐藏于密林僻静处，或分散成小群栖息在僻静的山坡、水库、湖中小岛的灌丛或高大树木的枝丛中，偶尔也见单独活动和栖息。一般缩颈长期站立，一动不动或梳理羽毛，或在枝间走动，有时亦单腿站立，身体呈驼背状。常常待人走至跟前时才突然从树丛中冲出，边飞边鸣，鸣声单调而粗犷。主要以鱼、蛙、虾、水生昆虫等动物性食物为食。

生　境 栖息与活动于平原和低山丘陵地区的溪流、水塘、河谷、江河、沼泽、水田等水域。

居留型 留鸟。

种群状况 广泛分布于欧亚大陆、非洲、美洲。国内主要分布于华东、华中及华南地区，种群数量较大，近年来在华北亦有分布记录，冬季迁徙至我国南方沿海。保护区外围适宜生境中数量众多，保护区内偶见于溪流附近林中。

成鸟／郎泽东　摄

亚成鸟／郎泽东　摄

004 牛背鹭（鹭科 Ardeidae）
Bubulcus ibis

《中国生物多样性红色名录》无危（LC）
《IUCN红色名录》无危（LC）

特　征　中型涉禽，体长46~55cm。嘴橙黄色，脚黑褐色。夏羽头、颈和背中央长的饰羽橙黄色，其余白色；冬羽全身白色，无饰羽。飞行时头缩到背上，颈向下突出，像一个大的喉囊，身体呈驼背状；站立时亦像驼背，嘴和颈亦较短粗。生活于草原和牧场，常伴随牛群活动。野外特征明显，容易鉴别。虹膜金黄色，嘴、眼先、眼周裸露皮肤黄色，跗跖和趾黑色。

习　性　繁殖期4—7月。常成对或3~5只小群活动，有时亦集成数十只大群。常伴牛活动，喜欢站在牛背上啄食上面的寄生虫或跟随在牛后啄食牛翻出来的昆虫，故有"牛背鹭"之称。性活跃而温顺，不甚畏人。主要以蝗虫、蚂蚱、蟋蟀等昆虫为食，也食蜘蛛、黄鳝和蛙等其他动物。

生　境　栖息于平原草地、牧场、湖泊、水库、山脚平原和低山水田、池塘、旱田、沼泽地上。

居留型　夏候鸟。

种群状况　广布于除南极洲外的各大陆。国内分布于长江以南各地，夏候鸟偶尔远及华北地区，种群数量较大。在保护区外周适宜生境中数量众多，保护区内偶有记录。

郎泽东　摄

郎泽东　摄

005 黑鸢（鹰科 Accipitridae）
Milvus migrans

国家二级重点保护野生动物
《中国生物多样性红色名录》无危（LC）
《IUCN红色名录》无危（LC）

ACCIPITRIFORMES 鹰形目

特 征 中型猛禽，体长54~69cm。上体暗褐色，下体棕褐色，均具黑褐色羽干纹，尾较长，呈叉状，具宽度相等的黑色和褐色相间排列的横斑；飞翔时翼下左、右各有1块大白斑，尾呈叉状，野外特征极为明显。虹膜暗褐色，嘴黑色，蜡膜和下嘴基部黄绿色，脚和趾黄色或黄绿色，爪黑色。

习 性 繁殖期4—7月。通常呈圈状盘旋翱翔，边飞边鸣，鸣声尖锐，似吹哨，很远即能听到。性机警，人很难接近。主要以小鸟、鼠、蛇、蛙、鱼、蜥蜴和昆虫等动物性食物为食，偶尔也吃家禽和腐尸。

生 境 栖息于开阔平原、草地、荒漠和低山丘陵地带，也常在城郊、村落、田野、湖泊、港湾上空活动。

居留型 留鸟。

种群状况 分布于亚洲北部至日本，常见并分布广泛。中国最常见的猛禽之一，种群数量稳定，留鸟分布于中国各地，包括台湾、海南及青藏高原。保护区周边和区内偶见高空盘旋。

温超然 摄

温超然 摄

006 蛇雕（鹰科 Accipitridae）

Spilornis cheela

国家二级重点保护野生动物
《中国生物多样性红色名录》近危（NT）
《IUCN红色名录》无危（LC）

特 征 中型猛禽，体长55~73cm。上体暗褐色或灰褐色，具窄的白色羽缘。头顶黑色，具显著的黑色扇形冠羽，其上披有白色横斑；尾上覆羽具白色尖端，尾黑色，中间具一宽阔的灰白色横带和窄的白色端斑。喉、胸灰褐色或黑色，具暗褐色虫蠹状斑，其余下体皮黄色或棕褐色，具白色细斑点。幼鸟与成鸟大体相似，但体色较淡，头顶白色，尖端黑色，下体白色，胸具暗褐色条纹。嘴蓝灰色，趾黄色，爪黑色，虹膜黄色。

习 性 繁殖期4—6月。单独或成对活动，常在高空翱翔和盘旋，有时翱翔到人眼难以看见的高度，停飞时多栖息于较开阔地区的枯树顶端。主要以各种蛇类为食，也吃蜥蜴、蛙、鼠、鸟、蟹和甲壳动物。

生 境 主要栖息和活动于山地森林及其林缘开阔地带。

居留型 留鸟。

种群状况 分布于中国南部、印度、东南亚。留鸟中国见于长江以南各地。保护区内多个位点有分布记录。

温超然 摄

温超然 摄

007 黑冠鹃隼（鹰科 Accipitridae）
Aviceda leuphotes

国家二级重点保护野生动物
《中国生物多样性红色名录》无危（LC）
《IUCN红色名录》无危（LC）

特　征 小型猛禽，体长30~33cm。上体蓝黑色，具长而竖直的蓝黑色冠羽，极为显著。喉和颈黑色，翅和肩具白斑。上胸具一宽阔的星月形白斑，下胸、腹侧具宽的白色和栗色横斑；腹中央、腿覆羽和尾下覆羽黑色。飞翔时翅阔而圆，黑色的翅下覆羽和尾下覆羽与银灰色的飞羽和尾羽形成鲜明对照；从上面看通体黑色，初级飞羽上有一宽的、极为显著的白色横带，野外特征极明显。虹膜紫褐色或血红褐色；嘴深石板灰色或铅色，尖端黑色；脚铅色或铅蓝色，爪角质褐色。

习　性 繁殖期4—7月。常单独活动，有时也成3~5只的小群。常在森林上空翱翔和盘旋，间或做鼓翼飞翔，有时也见在林内和地上活动、捕食。性机警而胆小，人难以接近，有时也显得迟钝而懒散。主要在白天活动，特别是晨昏较为活跃。主要以蝗虫、蝉、蚂蚁等昆虫为食，也吃蝙蝠、鼠、蜥蜴和蛙等小型脊椎动物。

生　境 栖息于山脚平原、低山丘陵和高山森林地带，也出现于疏林草坡、村庄和林缘田间地带。

居留型 夏候鸟。

种群状况 分布于印度、中国南部、东南亚，越冬多在大巽他群岛。国内分布于华南及西南等地。地区性并不罕见，种群数量趋势稳定。保护区内记录于马峰庵、大溪庙等地。

温超然 摄

陈光辉 摄

008 凤头鹰（鹰科 Accipitridae）
Accipiter trivirgatus

国家二级重点保护野生动物
《中国生物多样性红色名录》近危（NT）
《IUCN红色名录》无危（LC）

特 征▶ 中型猛禽，体长41~49cm。头前额至后颈鼠灰色，具显著的与头同色冠羽，其余上体褐色，尾具4道宽阔的暗色横斑。喉白色，具显著的黑色中央纹；胸棕褐色，具白色纵纹，其余下体白色，具窄的棕褐色横斑；尾下覆羽白色；飞翔时翅短圆，后缘突出，翼下飞羽具数条宽阔的黑色横带。幼鸟上体褐色，下体白色或黄白色，具黑色纵纹。虹膜金黄色；嘴角质褐色或铅色，嘴峰和嘴尖黑色，口角黄色；蜡膜和眼睑黄绿色；脚和趾淡黄色，爪角黑色。

习 性▶ 繁殖期4—7月。日行性鸟，多单独活动，有时也利用上升的热气流在空中盘旋和翱翔，盘旋时两翼常往下压和抖动。性机警而善隐匿，常躲藏在树丛中，有时也栖息于空旷处孤立的树枝或电线杆上，领域意识很强。主要以蛙、蜥蜴、鼠、昆虫等为食，也吃鸟和小型哺乳动物。

生 境▶ 通常栖息在海拔2000m以下的山地森林和山脚林缘地带，也出现在竹林和小面积丛林地带，偶尔到山脚平原和村落附近活动。

居留型▶ 留鸟。

种群状况▶ 分布于印度、中国、东南亚。国内见于华东、华中、华南、西南及台湾。近年来，浙江省野外观测数量呈明显上升趋势。保护区内分布广泛，记录较多。

温超然 摄

温超然 摄

009 松雀鹰（鹰科 Accipitridae）
Accipiter virgatus

国家二级重点保护野生动物
《中国生物多样性红色名录》无危（LC）
《IUCN红色名录》无危（LC）

特 征 小型猛禽，体长28~38cm。雄鸟上体黑灰色，喉白色，喉中央有1条宽阔而粗的黑色中央纹，其余下体白色或灰白色，具褐色或棕红色斑，尾具4道暗色横斑。雌鸟个体较大，上体暗褐色，下体白色，具暗褐色或赤棕褐色横斑。虹膜、蜡膜和脚黄色；嘴基部铅蓝色，尖端黑色。

习 性 繁殖期4—6月。常单独或成对在林缘和丛林等较为空旷处活动、觅食。性机警，常站在林缘高大的枯树顶枝上等待偷袭过往小鸟，并不时发出尖利的叫声。飞行迅速，亦善于滑翔。主要以各种小鸟为食，也吃蜥蜴、昆虫（蝗虫、甲虫等）、小鼠，有时甚至捕杀鹌鹑和鸠鸽类等中小型鸟类。

生 境 主要栖息于茂密的针叶林、常绿阔叶林以及开阔的林缘疏林地带，冬季常出现在山脚和平原地带的小块丛林、竹园、河谷，也出现在低山丘陵、草地和果园。

居留型 留鸟。

种群状况 分布于印度、中国、东南亚。国内见于华中、西南及海南、台湾等地。分布虽广但不多见，保护区内东关岗、马峰庵一带有观测记录。

戴美杰 摄

陈光辉 摄

010 日本松雀鹰（鹰科 Accipitridae）
Accipiter gularis

国家二级重点保护野生动物
《中国生物多样性红色名录》无危（LC）
《IUCN红色名录》无危（LC）

特　征　小型猛禽，体长25~34cm。雄鸟外形和羽色很像松雀鹰，但喉部中央黑纹较细窄，不似松雀鹰宽而粗著；翅下覆羽白色且具灰色斑点，而松雀鹰翅下覆羽为棕色；腋羽白色且具灰色横斑，而松雀鹰腋羽棕色且具黑色横斑，两者在形态上明显不同。雌鸟与雄鸟相似，但上体为褐色，下体白色且具细窄的灰褐色横斑。幼鸟体色似雌鸟，头顶黑褐色，具栗褐色羽缘；后颈白色，羽端黑褐色，其余上体暗褐色，各羽均具赤褐色羽缘。虹膜深红色（雄鸟）或黄色（雌鸟）；嘴石板蓝色，尖端黑色；蜡膜黄色；脚黄色，爪黑色。

温超然　摄

习　性　繁殖期5—7月。白天活动，喜欢出入林中溪流和沟谷地带。多单独活动，常栖息于林缘高大树木的顶枝上，有时亦见在空中飞翔。主要以山雀、莺等小型鸟类为食，也吃昆虫、蜥蜴等小型爬行动物。

生　境　主要栖息于山地针叶林和针阔叶混交林中，也出现在林缘和疏林地带，是典型的森林猛禽。

居留型　冬候鸟。

种群状况　繁殖于古北界东部，越冬于东南亚。国内繁殖于东北三省，冬季南迁至南方越冬，国内种群数量趋势稳定，不罕见。保护区内多处冬季偶见。

温超然　摄

011 苍鹰（鹰科 Accipitridae）

Accipiter gentilis

国家二级重点保护野生动物
《中国生物多样性红色名录》近危（NT）
《IUCN红色名录》无危（LC）

ACCIPITRIFORMES
鹰形目

温超然 摄

特　征　中型猛禽，体长46~60cm。上体深苍灰色，后颈杂有白色细纹，下体污白色。颏、喉和前颈具黑褐色细纵纹，胸、腹部满布暗灰褐色、纤细的横斑。尾略长，呈方形，有4条黑色横带。飞行时两翼宽阔而较长，翼下白色而密布黑褐色横带。通常呈直线飞行，两翅平伸或微伸向上，有时也缓慢扇动两翅，进行鼓翼飞行。幼鸟背面褐色，有不明显的暗色斑，腹淡黄褐色，有黑褐色纵纹。虹膜金黄色；嘴黑色，基部铅蓝灰色；蜡膜黄绿色；脚和趾黄色或黄绿色，爪黑褐色。

习　性　繁殖期4—7月。视觉敏锐，善飞翔，白天活动。性甚机警，亦善隐蔽。通常单独活动，除迁徙期外很少在空中翱翔，多隐蔽在森林中树枝间窥视猎物。飞行快而灵活，一旦发现猎物，则迅速俯冲追击，用利爪抓捕猎物，然后带回栖息的树上啄食。主要以森林鼠、野兔、雉、榛鸡、鸠鸽及其他中小型鸟类为食。

钱斌 摄

生　境　栖息于不同海拔高度的针叶林、针阔叶混交林和阔叶林等森林地带，也见于山麓平原和丘陵地带的疏林、小块林中。

居留型　冬候鸟。

种群状况　分布于北美洲、欧亚大陆、北非。国内繁殖于东北的大、小兴安岭及西北的西天山，冬季南迁至长江以南越冬。在温带亚高山森林甚常见，秋、冬季偶见于保护区内和周边平原地区。

012 赤腹鹰（鹰科 Accipitridae）
Accipiter soloensis

国家二级重点保护野生动物
《中国生物多样性红色名录》无危（LC）
《IUCN红色名录》无危（LC）

特　征　小型猛禽，体长26~36cm。雄鸟头至背蓝灰色，翼和尾灰褐色，外侧尾羽有4~5条暗色横斑；颏、喉乳白色，胸和两胁淡红褐色，下胸具少数不明显的横斑，腹中央和尾下覆羽白色。雌鸟似雄鸟，但体色稍深，胸棕色较浓，且具有较多的灰色横斑。幼鸟上体暗褐色，下体白色，胸有纵纹，腹有棕色横斑。飞翔时翼下白色，与黑色外侧初级飞羽形成明显对比，野外特征明显。虹膜淡黄色或黄褐色；嘴黑色，下嘴基部淡黄色；蜡膜黄色；脚和趾橘黄色或肉黄色；爪黑色。

习　性　繁殖期5—7月。日出性鸟，常单独或成小群活动，休息时多停息在树木顶端或电线杆上。主要在地上捕食，常站在树顶高处，见到猎物则突然冲下捕食。主要以蛙、蜥蜴等动物性食物为食，也吃小型鸟、鼠和昆虫。

生　境　栖息于山地森林和林缘地带，也见于低山丘陵和山麓平原地带的小块丛林、农田边缘、村屯附近。

居留型　夏候鸟。

种群状况　繁殖于东北亚，冬季南迁至东南亚、巴布亚新几内亚。中国南方均有记录，国内种群数量趋势稳定。保护区内夏季有较多繁殖记录。

郎泽东　摄

温超然　摄

013 普通鵟（鹰科 Accipitridae）
Buteo japonicus

国家二级重点保护野生动物
《中国生物多样性红色名录》无危（LC）
《IUCN红色名录》无危（LC）

特 征 中型猛禽，体长50~59cm。体色变化较大，上体主要为暗褐色，下体主要为暗褐色或淡褐色，具深棕色横斑或纵纹，尾淡灰褐色，具多道暗色横斑。飞翔时两翼宽阔，初级飞羽基部有明显的白斑，翼下白色，仅翼尖、翼角和飞羽外缘黑色（淡色型）或全为黑褐色（暗色型）；尾散开，呈扇形。翱翔时两翅微向上举成浅V形，野外特征明显。虹膜淡褐色或黄色；嘴黑褐色，基部沾蓝；蜡膜和跗跖、趾淡棕黄色或绿黄色；爪黑色。

温超然 摄

习 性 繁殖期5—7月。常见在开阔平原、荒漠、旷野、开垦的耕作区、林缘草地和村庄上空盘旋、翱翔。多单独活动，有时亦见2~4只在天空盘旋。主要在白天活动，性机警，视觉敏锐。善飞翔，每天大部分时间在空中盘旋、滑翔。主要以森林鼠为食，也吃蛙、蜥蜴、蛇、野兔、小鸟和大型昆虫等动物性食物，有时亦到村庄捕食鸡等家禽。

生 境 繁殖期间主要栖息于山地森林和林缘地带，秋、冬季节则多出现在低山丘陵和山脚平原地带。

居留型 冬候鸟。

种群状况 繁殖于古北界，北方鸟至北非、印度及东南亚越冬。国内主要

温超然 摄

繁殖于东北各省，迁徙时东部大部分地区可见到，在长江中下游地区为冬候鸟，国内种群数量趋势稳定。保护区内冬季偶有记录。

014 鹰雕（鹰科 Accipitridae）
Nisaetus nipalensis

国家二级重点保护野生动物
《中国生物多样性红色名录》近危（NT）
《IUCN红色名录》无危（LC）

特　征 大型猛禽，体长64~80cm。上体暗褐色，头后有长的羽冠，常常垂直地竖立于头上，腰和尾上覆羽有淡白色横斑，尾有宽阔的黑色和灰白色交错排列的横带，头侧、颈侧有黑色和皮黄色条纹。喉和胸白色，喉有显著的黑色中央纵纹，胸有黑褐色纵纹，腹密披淡褐色和白色交错排列的横斑，跗跖被羽，与覆腿羽一样亦具淡褐色和白色交错排列的横斑。飞翔时两翼宽阔，翼下和尾下披以黑色和白色交错排列的横斑，极为醒目。虹膜金黄色；嘴黑色；蜡膜黑灰色，脚和趾黄色，爪黑色。

习　性 繁殖期4—6月。日出性鸟，常单独活动。飞翔时两翅平伸，扇动较慢。常站立在密林中枯死的乔木树上，有时也在高空盘旋。主要以野兔、各种鸡形目鸟类和鼠类为食，也捕食小鸟和大的昆虫。

生　境 繁殖期多栖息于不同海拔高度的山地森林地带，海拔可在4000m以上，常在阔叶林和混交林中活动，也出现在浓密的针叶林中。冬季多到低山丘陵、山脚平原地区的阔叶林和林缘地带活动。

居留型 留鸟。

种群状况 分布于印度、中国及东南亚。国内主要分布于西南、华南和台湾。国内种群数量趋势基本稳定，但野外较为罕见。保护区内石坞口一带有分布记录。

温超然　摄

郎泽东　摄

015 灰脸鵟鹰（鹰科 Accipitridae）

Butastur indicus

国家二级重点保护野生动物
《中国生物多样性红色名录》近危（NT）
《IUCN红色名录》无危（LC）

特　征　中型猛禽，体长39~46cm。雄鸟上体暗褐色带棕色，翅上覆羽棕褐色，尾灰褐色，具3道宽的黑褐色横。脸颊和耳区灰色。喉白色，具宽的黑褐色中央纵纹。胸以下白色，具密的棕褐色横斑。眼黄色。雌鸟似雄鸟，但体形稍大。虹膜黄色；嘴黑色，嘴基部和蜡膜橙黄色；跗跖和趾黄色，爪角黑色。

习　性　繁殖期5—7月。常单独活动，白天常在森林上空盘旋或呈圆圈状翱翔，有时也栖息于沼泽地中枯死的大树顶端和空旷地孤立的枯树枝上。性较大胆，有时亦飞到城镇和村屯捕食。既能高空盘旋、翱翔，也能低空飞行，有时亦在地上活动。迁徙期间集群。主要以小型蛇、蛙、蜥蜴、鼠、松鼠、野兔、小鸟等动物性食物为食，有时也吃大的昆虫和动物尸体。

生　境　繁殖期主要栖息于阔叶林、混交林以及针叶林等山林地带，秋、冬季则多栖息于林缘、山地丘陵、草地、农田和村屯附近等开阔地区，有时也出现在荒漠和河谷地带。

居留型　冬候鸟。

种群状况　繁殖于东北亚，越冬于东南亚。国内繁殖于东北各省，迁徙时见于青海、长江以南各地。国内种群数量较多且稳定，迁徙季节从浙江大量过境，因此保护区内冬季偶有过境记录。

温超然　摄

温超然　摄

016 林雕（鹰科 Accipitridae）
Ictinaetus malaiensis

国家二级重点保护野生动物
《中国生物多样性红色名录》易危（VU）
《IUCN红色名录》无危（LC）

特　征 大型猛禽，体长66~76cm。通体黑褐色，跗跖被羽。方尾，尾较长而窄，飞翔时从下面看两翅宽长，翅基较窄，后缘略突出，尾具多条淡色横斑和宽阔的黑色端斑，冬季初级飞羽基部有淡灰白色带。幼鸟上体羽毛较淡，且有淡色斑点，尾具淡色横斑。下体黄褐色，有暗色纵纹，翼下覆羽亦为黄褐色，与暗色飞羽形成明显对照；初级飞羽基部亦有灰白色横带，飞翔时甚明显。虹膜暗褐色；嘴铅色，尖端黑色；蜡膜和嘴裂黄色；趾黄色；爪黑色。

温超然 摄

习　性 繁殖期11月至翌年3月。通常营巢于浓密的常绿阔叶林或落叶阔叶林中，巢多置于高大乔木的上部。飞行时一般两翅扇动缓慢，但也能高速地在浓密的森林中飞行和追捕食物，飞行技巧相当高超，有时亦在森林上空盘旋和滑翔。主要以鼠、蛇、雉鸡、蛙、蜥蜴、小鸟、鸟卵以及大的昆虫等动物性食物为食。

郎泽东 摄

生　境 栖息于山地森林中，尤以中低山地的阔叶林和混交林地区最常出现。有时也沿着林缘地带飞翔巡猎，但从不远离森林，是一种完全以森林为栖息环境的猛禽。

居留型 留鸟。

种群状况 分布于印度、中国、东南亚。国内见于浙江、台湾、福建及广东等地，偶见于云南西南部及西藏东南部。近年来，国内种群分布变广，数量也明显上升，保护区内多处有观测记录。

017　红隼（隼科 Falconidae）

Falco tinnunculus

国家二级重点保护野生动物
《中国生物多样性红色名录》无危（LC）
《IUCN红色名录》无危（LC）

特　征　小型猛禽，体长31~38cm。翅狭长而尖，尾亦较长。雄鸟头蓝灰色，背和翅上覆羽砖红色，具三角形黑斑，腰、尾上覆羽和尾羽蓝灰色，尾具宽阔的黑色次端斑和白色端斑，眼下有1条垂直向下的黑色口角髭纹；下体颏、喉乳白色或棕白色，其余下体乳黄色或棕黄色，具黑褐色纵纹和斑点。雌鸟上体从头至尾棕红色，具黑褐色纵纹和横斑，下体乳黄色，除喉外均被黑褐色纵纹和斑点，具黑色眼下纵纹。幼鸟与雌鸟相似，但斑纹更粗著。虹膜暗褐色；嘴蓝灰色，先端黑色，基部黄色；蜡膜和眼睑黄色；脚、趾深黄色；爪黑色。

习　性　繁殖期5—7月。多栖息于空旷地孤立的高树梢上或电线杆上。觅食活动在白天，主要在空中觅食，常在地面低空飞行搜寻食物，有时扇动两翅在空中短暂停留以观察猎物，一旦发现，则折合双翅，突然俯冲而下，直扑猎物；有时也站立在山丘岩石高处或树顶、电线杆上，等猎物出现在面前时才突然出击。飞翔时两翅快速地扇动，偶尔进行短暂的滑翔。主要以昆虫为食，也吃鼠、雀形目鸟、蛙、蜥蜴、松鼠、蛇等小型脊椎动物。

生　境　栖息于山地森林、森林苔原、低山丘陵、草原、旷野、森林平原、农田和村屯附近等各类生境中，尤喜林缘、林间空地、疏林和有稀疏树木生长的旷野、河谷、农田地区。

居留型　留鸟。

种群状况　广泛分布于非洲、欧亚大陆。国内除沙漠地区外几乎遍布各地，北方鸟冬季南迁至南方越冬，国内种群数量多且稳定。保护区内偶有记录。

温超然　摄

温超然　摄

温超然　摄

温超然　摄

018 游隼（隼科 Falconidae）
Falco peregrinus

国家二级重点保护野生动物
《中国生物多样性红色名录》近危（NT）
《IUCN红色名录》无危（LC）

特 征 中型猛禽，体长41~50cm。翅长而尖，眼周黄色，颊有一粗著的垂直向下的黑色髭纹，头至后颈灰黑色，其余上体蓝灰色，尾具数条黑色横带。下体白色，上胸有黑色细斑点，下胸至尾下覆羽密被黑色横斑。飞翔时翼下和尾下白色，密布白色横带，常在鼓翼飞翔时穿插着滑翔，也常在空中翱翔，野外容易识别。幼鸟上体暗褐色，下体淡黄褐色，胸、腹具黑褐色纵纹。虹膜暗褐色，眼睑和蜡膜黄色；嘴灰色，嘴尖黑色；脚和趾橙黄色，爪黄色。

习 性 繁殖期4—6月。多单独活动，飞行迅速，通常在快速鼓翼飞翔时伴随着一阵滑翔，也喜欢在空中翱翔。主要捕食野鸭、鸥、鸠鸽和鸡等中小型鸟类，偶尔也捕食鼠和野兔等小型哺乳动物。

生 境 栖息于山地、丘陵、荒漠、半荒漠、海岸、旷野、草原、河流、沼泽与湖泊沿岸地带，也到开阔的农田和村屯附近活动。

居留型 冬候鸟。

种群状况 世界各地均有分布记录。国内除西北、西南部分地区外，其余地区均有分布。世界范围内，游隼的生存受到严重威胁，国内数量也急剧下降。保护区内记录于东关岗，属罕见种。

温超然 摄

温超然 摄

陈光辉 摄

陈光辉 摄

019 灰胸竹鸡（雉科 Phasianidae）
Bambusicola thoracica

《中国生物多样性红色名录》无危（LC）
《IUCN红色名录》无危（LC）
中国鸟类特有种

特 征 小型鸡类，体长22~37cm。雄鸟眉纹灰色；上体橄榄棕褐色，背具栗斑和白斑；下体前部栗棕色，后部棕黄色，胸具半环状灰色带，两胁具黑褐色斑，野外特征极明显，容易识别。雌鸟与雄鸟相似，但稍小，且跗跖无距。虹膜深棕色或淡褐色，嘴黑色，跗跖和趾绿色或黄褐色。

习 性 繁殖期4—6月。常成群活动，一起栖息，头朝向同一方向。群由数只至20多只组成，冬季结群较大，繁殖季节则分散活动。每群有固定的活动区域，取食地和栖息地较固定，领域意识较强。受惊时则藏匿于草丛中不动，一般很少起飞，当人迫近时才突然飞起。主要以植物幼芽、嫩叶、果实、种子等为食，也吃蛾类幼虫、步行虫、瓢甲科昆虫及其他无脊椎动物。

生 境 栖息于海拔2000m以下的低山丘陵和山脚平原地带的竹林、灌丛、草丛中，也出现于山边耕地和村屯附近。

居留型 留鸟。

种群状况 中国鸟类特有种，分布于中国中部、东南部的常见留鸟，国内种群数量多且稳定。保护区内记录较多。

郎泽东 摄

郎泽东 摄

020 勺鸡（雉科 Phasianidae）
Pucrasia macrolopha

国家二级重点保护野生动物
《中国生物多样性红色名录》无危（LC）
《IUCN红色名录》无危（LC）

特 征 中型鸡类，体长40~63cm。雄鸟头呈金属暗绿色，具棕褐色和黑色长形冠羽，颈部两侧各有一白斑；上体羽毛多呈披针形，灰色，具黑色纵纹；尾为楔形，中央尾羽特长。下体中央至下腹深栗色。雌鸟体羽主要为棕褐色，头顶亦具羽冠，但较雄鸟短，耳羽后下方具淡棕白色斑。下体大都淡栗黄色，具棕白色羽干纹。虹膜褐色，嘴黑褐色，脚暗红褐色。

习 性 繁殖期3—7月。性机警，胆小畏人，受惊后常隐藏于灌丛或草丛中不动，直到人快至跟前时，才突然起飞往山下坡飞逃，雌鸟同时发出响亮而急促的惊叫声；雄鸟遇惊时一般较少鸣叫，而且多快步奔跑避敌，仅在紧迫时或于雌鸟起飞后才起飞。晚上栖息于树上，白天大部分时间用于觅食，早晚觅食时常边吃边叫。主要以植物嫩芽、嫩叶、花、果实、种子等植物性食物为食。

生 境 栖息于海拔1000~4000m的阔叶林、针阔叶混交林和针叶林中，尤其喜欢湿润、林下植被发达、地势起伏不平而又多岩石的混交林地带，有时也出现于林缘灌丛和山脚灌丛地带。

居留型 留鸟。

种群状况 分布于南亚北部。国内见于华北、华南、华中、西南等地，为不常见留鸟。保护区内属较罕见的留鸟，主要依靠红外相机进行影像记录。

温超然 摄

温超然 摄

021 白鹇（雉科 Phasianidae）
Lophura nycthemera

国家二级重点保护野生动物
《中国生物多样性红色名录》无危（LC）
《IUCN红色名录》无危（LC）

特 征 大型鸡类，体长70~115cm。雄鸟上体白色且密布黑纹，长而厚密、状如发丝的蓝黑色羽冠披于头后；脸裸露，赤红色；尾长，白色；两翅亦为白色。下体蓝黑色，脚红色。雌鸟通体橄榄褐色，羽冠近黑色。虹膜橙黄色或红褐色，嘴角绿色，脚红色。

习 性 繁殖期4—5月。成对或成3~6只的小群活动，冬季有时集群个体16~17只。性机警，胆小畏人，受惊时多由山下往山上奔跑。一般很少起飞，紧急时亦急飞上树。活动多在巢域内，每日活动路线、范围都较固定，多数时间用于觅食。食饱后通常原地站立休息或理羽，偶尔飞到树上休息。晚上成群栖息于高树上，一般在天黑时才开始上树栖息。主要以植物幼芽、块根、果实和种子为食。

生 境 主要栖息于海拔2000m以下的亚热带常绿阔叶林中，尤以森林茂密、林下植物稀疏的常绿阔叶林和沟谷雨林较常见，亦出现于针阔叶混交林和竹林内。

居留型 留鸟。

种群状况 国外分布于东南亚。国内分布于华东、华南。国内种群数量多且稳定，为常见雉类。保护区内红外相机影像记录较多。

雄鸟（左）、雌鸟（右）/俞肖剑 摄

雌鸟/周佳俊 摄

雄鸟/俞肖剑 摄

雄性亚成体/周佳俊 摄

022 白颈长尾雉（雉科 Phasianidae）
Syrmaticus ellioti

国家一级重点保护野生动物
《中国生物多样性红色名录》易危（VU）
《IUCN红色名录》近危（NT）
中国鸟类特有种

特　征　大型鸡类，体长80cm左右。雄鸟头灰褐色，颈白色，脸鲜红色，其上后缘有1条显著白纹，上背、胸和两翅栗色，上背和翅上均具1条宽阔的白色带，极为醒目；下背和腰黑色且具白斑，腹白色，尾灰色且具宽阔栗斑。雌鸟体羽大都棕褐色，上体满杂以黑色斑，背具白色矢状斑；喉和前颈黑色，腹棕白色，外侧尾羽大都栗色。虹膜褐色至浅栗色，脸裸出部辉红色，嘴黄褐色，脚蓝灰色。

习　性　繁殖期4—6月。喜集群，常成3~8只的小群活动。多出入森林茂密、地形复杂的崎岖山地和山谷间。性胆怯而机警，活动时很少鸣叫，因此难见。在发现异常情况时，先急跑几步再停下观察动静，如无危险，则悄悄走开或飞走；如发现敌害临近，则立即起飞，同时发出尖锐的叫声。活动以早晚为主，常常边游荡边取食，中午休息，晚上栖息于树上。主要以植物叶、茎、芽、花、果实、种子等植物性食物为食，也吃昆虫等动物性食物。

徐科　摄

周佳俊　摄

生　境　主要栖息于海拔1000m以下的低山丘陵地区的阔叶林、混交林、针叶林、竹林和林缘灌丛地带，其中尤以阔叶林和混交林为主，冬季有时可下到海拔500m左右的疏林灌丛地带活动。

居留型　留鸟。

种群状况　中国鸟类特有种，见于浙江、江西、福建、广东等地。全国范围内种群数量较少，属罕见鸟类。保护区内有零星红外相机影像记录。

023 环颈雉（雉科 Phasianidae）

Phasianus colchicus

《中国生物多样性红色名录》无危（LC）
《IUCN红色名录》无危（LC）

特 征 大型鸡类，体长58~90cm。雄鸟羽色华丽，富有金属光泽，颈大都呈金属绿色，具有或不具白色颈圈；脸部裸出，红色；头顶两侧各有1束能耸起、羽端呈方形的耳羽簇；下背和腰多为蓝灰色，羽毛边缘披散如毛发状；尾羽长而有横斑，中央尾羽较外侧尾羽长。雌鸟较雄鸟显著小，羽色暗淡，大都为褐色和棕黄色，杂以黑斑，尾亦较短。虹膜栗红色（雄鸟）或淡红褐色（雌鸟）。

习 性 繁殖期3—7月。脚强健，善于奔跑，特别是在灌丛中奔走极快，也善于藏匿。见人后一般在地上疾速奔跑，很快进入附近丛林或灌丛，有时奔跑一阵后还停下来看看再走，在迫不得已时才起飞，边飞边发出"咯咯咯"的叫声和两翅"扑扑扑"的鼓动声。飞行速度较快，也很有力，但一般飞行不持久，飞行距离不大，常呈抛物线式的飞行，落地前滑翔。秋季常集成几只至10多只的小群到农田、林缘、村庄附近活动和觅食。食性较杂，所吃食物随地区和季节的不同而不同，既食植物性食物，又食各种昆虫和其他小型无脊椎动物。

生 境 栖息于低山丘陵、农田、地边、沼泽草地，以及林缘灌丛、公路两边的灌丛与草地中，分布高度多在海拔1200m以下，但在秦岭和四川，有时亦见上到海拔2000~3000m。

居留型 留鸟。

种群状况 分布于西古北界的东南部、中亚、西伯利亚东南部、乌苏里江流域、东亚等，引种至欧洲、澳大利亚、新西兰及北美洲。国内也属广布，种群数量众多。保护区周边低海拔农田记录较多，保护区内偶有记录。

陈光辉 摄

徐科 摄

024 红脚田鸡（秧鸡科 Rallidae）
Zapornia akool

《中国生物多样性红色名录》无危（LC）
《IUCN红色名录》无危（LC）

特 征 中型涉禽，体长25~28cm。上体橄榄褐色，头侧、颈侧和胸灰色；喉白色；腹和尾下覆羽褐色；脚红色。特征甚明显，野外容易识别。虹膜红色，嘴橄榄绿色。

习 性 繁殖期5—9月。性胆怯。常单独于晨昏和夜间活动，白天藏匿在草丛或芦苇丛中。飞行笨重而迟缓，但在芦苇、水生植物、灌丛上的攀跳和行走很轻快而敏捷。主要以蜗牛等软体动物和昆虫为食。

生 境 主要栖息于平原和低山丘陵地带、溪边沼泽草地上，其中特别喜欢在富有水生植物的溪流、湖泊、水塘边的芦苇丛和邻近的沼泽地带活动，有时也出现在稻田和附近有植物覆盖的水体中。

居留型 夏候鸟。

种群状况 分布于南亚、东南亚等。国内主要分布于南方的山区稻田，种群数量众多。保护区内及周边湿地均有记录。

郎泽东 摄

郎泽东 摄

025 白胸苦恶鸟（秧鸡科 Rallidae）

Amaurornis phoenicurus

《中国生物多样性红色名录》无危（LC）
《IUCN红色名录》无危（LC）

特 征 中型涉禽，体长26~35cm。上体石板灰色；脸和喉、胸等下体白色；腹和尾下覆羽栗红色；嘴黄绿色，上嘴基部有红斑。体羽上、下黑白分明，极为醒目，野外容易辨认。虹膜红色，脚淡黄绿色。

习 性 繁殖期4—7月。常单独或成对活动，偶尔集成3~5只的小群。多在清晨、黄昏和夜间活动，白天躲藏在芦苇丛或草丛中，轻易不出来。活动时常伴随着清脆的鸣叫，声似"苦恶-苦恶"重复，久鸣不息。善行走，无论在芦苇丛上或地上，行走都很轻快、敏捷；有时也在水中游泳；飞行力差，平时很少飞翔，迫不得已时，飞行数十米后又落入草丛。主要以螺、蜗牛、蚂蚁、蜘蛛等动物性食物为食，也吃植物花与芽、麦粒与豌豆等农作物。

温超然 摄

生 境 栖息于沼泽、溪流、水塘、稻田和湖边沼泽地带，也出现于水域附近的灌丛、竹丛、疏林、甘蔗地和村庄附近有植物隐蔽的水体中。

居留型 夏候鸟。

种群状况 分布于印度、中国、东南亚。国内分布于云南、广西、海南、广东、浙江、福建及台湾等地。国内种群数量趋势稳定，一般性常见鸟。保护区周边湿地偶有记录。

郎泽东 摄

026 山斑鸠（鸠鸽科 Columbidae）
Streptopelia orientalis

《中国生物多样性红色名录》无危（LC）
《IUCN红色名录》无危（LC）

特 征▶ 中型鸟类，体长 28~36cm。上体大都褐色，颈基两侧具有黑色和蓝灰色颈斑，肩具显著的红褐色羽缘。尾黑色，具灰白色端斑，飞翔时呈扇形散开，极为醒目。下体主要为葡萄酒红褐色。虹膜金黄色或橙色，嘴铅蓝色，脚洋红色，爪角质褐色。

习 性▶ 繁殖期4—7月。常成对或成小群活动，有时成对栖息于树上，或成对一起飞行和觅食。如伤其雌鸟，雄鸟惊飞后数度飞回原处上空盘旋鸣叫。在地面活动时十分活跃，常小步迅速前进，边走边觅食，头前后摆动。飞翔时两翅鼓动频繁，直而迅速，有时亦滑翔，特别是从树上往地面飞行时。鸣声低沉，其声似"ku-ku-ku"反复重复多次。主要以各种植物的果实、种子、嫩叶、幼芽为食，也吃农作物，有时也吃鳞翅目幼虫、甲虫等昆虫。

郎泽东 摄

郎泽东 摄

生 境▶ 栖息于低山丘陵、平原和山地的阔叶林、混交林、次生林、果园、农田、宅旁竹林与树上。

居留型▶ 留鸟。

种群状况▶ 分布于喜马拉雅山脉、印度、东北亚。国内除西北、西藏部分地区外都有分布，种群数量众多。保护区内多地均有分布。

027 珠颈斑鸠（鸠鸽科 Columbidae）
Streptopelia chinensis

《中国生物多样性红色名录》无危（LC）
《IUCN红色名录》无危（LC）

特　征　中型鸟类，体长27~34cm。雄鸟头为鸽灰色，上体大都褐色，下体粉红色，后颈有宽阔的黑色，其上满布以白色细小斑点形成的领斑，在淡粉红色的颈部极为醒目。尾甚长，外侧尾羽黑褐色，末端白色，飞翔时极明显。雌鸟羽色与雄鸟相似，但不如雄鸟鲜亮，光泽较少。虹膜褐色，嘴深角质褐色，脚和趾紫红色，爪角质褐色。

习　性　繁殖期3—7月。常成小群活动，有时亦与其他斑鸠混群。常三三两两分散栖息于相邻的树枝头。栖息环境较为固定，如无干扰，可以较长时间不变。觅食多在地上，受惊后立刻飞到附近树上。飞行快速，两翅扇动较快但不能持久。鸣声响亮，鸣叫时呈点头状，鸣声似"ku-ku-u-ou"，反复鸣叫。主要以植物种子为食，特别是农作物种子，有时也吃蝇蛆、蜗牛、昆虫等动物性食物。

生　境　栖息于有稀疏树木生长的平原、草地、低山丘陵和农田地带，也常出现于村庄附近的杂木林、竹林及地边树上。

居留型　留鸟。

种群状况　国外广布于东南亚地区。国内主要分布于华中、西南、华南及华东等地。国内种群数量众多，甚为常见。保护区内全境均有分布。

郎泽东　摄

郎泽东　摄

028 红翅凤头鹃（杜鹃科 Cuculidae）
Clamator coromandus

浙江省重点保护野生动物
《中国生物多样性红色名录》无危（LC）
《IUCN红色名录》无危（LC）

特　征　中型鸟类，体长35~42cm。头具长的羽冠，上体黑色且具一白色领环，翅栗色。下体从颏至上胸淡红褐色，下胸和腹白色。幼鸟上体褐色，具棕色端缘；下体白色。虹膜淡红褐色；嘴黑色，下嘴基部近淡土黄色，嘴角肉红色；脚铅褐色。

习　性　繁殖期5—7月。多单独或成对活动，常活跃于高而暴露的树枝间，不似一般杜鹃那样喜欢藏匿于浓密的枝叶丛中。飞行快速，但不持久。鸣声清脆，似"ku-kuk-ku"声，不断以3声或2声之反复鸣叫。主要以白蚁、毛虫和甲虫等昆虫为食，偶尔也吃植物果实。

生　境　主要栖息于低山丘陵和山麓平原等开阔地带的疏林、灌木林中，也见活动于园林和宅旁树上。

居留型　夏候鸟。

种群状况　繁殖于印度、中国南部及东南亚，迁徙至菲律宾及印度尼西亚。国内分布于华东、华中、西南、华南，种群数量趋势稳定。保护区内夏季偶见。

钱斌　摄

徐卫南　摄

029　大鹰鹃（杜鹃科 Cuculidae）

Hierococcyx sparverioides

浙江省重点保护野生动物
《中国生物多样性红色名录》无危（LC）
《IUCN红色名录》无危（LC）

特　征　中型鸟类，体长35~42cm。头灰色，背褐色，领暗灰色至近黑色，有一灰白色髭纹。喉、上胸具栗色和暗灰色纵纹，下胸和腹具暗褐色横斑。尾亦具横斑。幼鸟上体褐色，微具棕色横斑；下体除颏为黑色外，全为淡棕黄色。各羽中央是一宽的黑色纵纹或斑点，胸侧常具宽的横斑，两胁和覆腿羽具浓黑色横斑。虹膜成鸟黄色至橙色，幼鸟褐色；眼睑橙色；嘴暗褐色。

习　性　繁殖期4—7月。常单独活动，多隐藏于树顶部枝叶间鸣叫，或穿梭于树干间。飞行时先是快速拍翅飞翔，然后滑翔，姿势甚像雀鹰。鸣声清脆响亮，为三音节，其声似"贵贵-阳"，繁殖期间几乎整天都能听见它的叫声。主要以昆虫为食。

生　境　栖息于山地森林中，亦出现于山麓平原树林地带。

居留型　夏候鸟。

种群状况　国外分布于印度、东南亚等。国内为华中、华东、华南及西南夏季繁殖鸟，种群数量趋势稳定。保护内夏季偶见。

戴美杰　摄

陈光辉　摄

030 四声杜鹃（杜鹃科 Cuculidae）
Cuculus micropterus

浙江省重点保护野生动物
《中国生物多样性红色名录》无危（LC）
《IUCN红色名录》无危（LC）

温超然 摄

特 征 中型鸟类，体长31~34cm。雄鸟头、颈烟灰色，上体浓褐色，翅形尖长，翅缘白色。尾较长，尾羽具白色斑点和宽阔的近端黑斑。下体具粗著的横斑。雌鸟喉部及头顶均较为褐色，胸沾棕色，其他似雄鸟。幼鸟头、颈满布棕白色横斑，背及翅上覆羽、飞羽等具棕色近端斑和近白色端斑。下体淡皮黄色，密布黑色横斑，尤以颏、喉部较为密集，下胸以下较宽疏。虹膜暗褐色；眼睑铅绿色；上嘴角黑色，基部较淡，下嘴角绿色，嘴角处较黄；脚蜡黄色至橙黄色。

习 性 繁殖期5—7月。单独或成对活动，游动性较大，无固定的居留地。性机警，受惊后迅速起飞。飞行速度较快，每次飞行距离亦较远，鸣声四声一度，声音高亢洪亮，有时边飞边叫，甚至晚上也鸣叫，声音似"花-花-苞-谷"或"光-棍-好-苦"。主要以昆虫为食，有时也吃植物种子等少量植物性食物。

生 境 栖息于山地森林和山麓平原地带的森林中，尤以混交林、阔叶林和林缘疏林地带活动较多，有时亦出现于农田地边树上。

居留型 夏候鸟。

种群状况 分布于东亚、东南亚。国内见于中国东北至西南及东南，在海南为留鸟，种群数量趋势稳定。保护区内夏季常见。

戴美杰 摄

031 大杜鹃（杜鹃科 Cuculidae）
Cuculus canorus

浙江省重点保护野生动物
《中国生物多样性红色名录》无危（LC）
《IUCN红色名录》无危（LC）

特 征 中型鸟类，体长28~37cm。上体暗灰色，翅缘白色，杂有窄细的褐色横斑，尾无黑色亚端斑，腹具细密的黑褐色横斑。鸣声似"布谷-布谷"，为二声一度。幼鸟头顶、后颈、背及翅黑褐色，各羽均具白色端缘，形成鳞状斑，以头、颈、上背处较细密，下背和两翅较疏阔。腰及尾上覆羽暗灰褐色，具白色端缘；尾羽黑色，具白色横斑，羽轴及两侧具白色斑块，外侧尾羽白色块斑较大。颏、喉、头侧及上胸黑褐色，杂以白色块斑和横斑，其余下体白色，杂以黑褐色横斑。虹膜黄色；嘴黑褐色，下嘴基部近黄色；脚棕黄色。

戴美杰 摄

习 性 繁殖期5—7月。性孤独，常单独活动。飞行快速而有力，常循直线前进。飞行时两翅振动幅度较大，但无声响。繁殖期间喜欢鸣叫，常站在乔木顶枝上鸣叫不息，有时晚上亦鸣叫或边飞边鸣叫，叫声凄厉洪亮，很远便能听到它"布谷-布谷"的粗犷而单调的声音，每分钟可反复鸣叫20余次。主要以昆虫为食。

生 境 栖息于山地、丘陵和平原地带的森林中，有时也出现于农田和居民点附近高大的乔木树上。

居留型 夏候鸟。

种群状况 繁殖于欧亚大陆，迁徙至非洲。繁殖季见于中国大部分地区，国内种群数量趋势稳定。保护区内夏季偶见。

陈光辉 摄

王青良 摄

032 中杜鹃（杜鹃科 Cuculidae）
Cuculus saturatus

浙江省重点保护野生动物
《中国生物多样性红色名录》无危（LC）
《IUCN红色名录》无危（LC）

温超然　摄

温超然　摄

郎泽东　摄

特 征 中型鸟类，体长25~34cm。外形与四声杜鹃相似，上体为石板褐灰色，喉和上胸灰色，下胸及腹白色，满布宽的黑褐色横斑。尾无近端黑斑，叫声为"嘣-嘣"的双音节声。幼鸟头、颈、背褐色，具白色羽端。颏、喉灰色且具褐色纵纹，羽端棕色，胸、腹较褐。虹膜黄色；嘴铅灰色，下嘴灰白色，嘴角黄绿色；脚橘黄色；爪黄褐色（华北亚种）。

习 性 繁殖期5—7月。常单独活动，多站在高大而茂密的树上不断地鸣叫，有时亦边飞边叫和在夜间鸣叫。鸣声低沉单调，为二音节一度，其声似"嘣-嘣"。性较喜隐匿，常常仅闻其声而不见其形。主要以昆虫为食，尤其喜食鳞翅目幼虫和鞘翅目昆虫。

生 境 栖息于山地针叶林、针阔叶混交林和阔叶林等茂密的森林中，偶尔也出现于山麓平原人工林和林缘地带。

居留型 夏候鸟。

种群状况 繁殖于欧亚大陆北部及喜马拉雅山脉，冬季至东南亚。国内分布于东北、华北、华东和台湾，种群数量趋势稳定。保护区内夏季常见。

033 小杜鹃（杜鹃科 Cuculidae）
Cuculus poliocephalus

浙江省重点保护野生动物
《中国生物多样性红色名录》无危（LC）
《IUCN红色名录》无危（LC）

特 征 中型鸟类，体长24~26cm。上体灰褐色，翼缘灰色。喉灰色，上胸沾棕，下胸和腹白色，具粗著的黑色横斑。外形和羽毛很相似于中杜鹃，但体形显著小。鸣声有力而富有音韵，音调起伏较大，其声似"有钱打酒喝喝"。虹膜褐色或灰褐色；眼圈黄色；上嘴黑色，基部及下嘴黄色；脚亦为黄色。

习 性 繁殖期5—7月。性孤独，常单独活动。性喜藏匿，常躲藏在茂密的枝叶丛中鸣叫，尤以清晨和黄昏鸣叫频繁，有时夜间也鸣叫，鸣声清脆有力，声似"阴天打酒喝喝-喝喝喝喝"或"有钱打酒喝喝"，不断反复鸣叫。飞行迅速，常低飞，每次飞翔距离较远。无固定栖息地，常在一个地方栖息几天后又迁至他处。主要以昆虫为食，偶尔也吃植物果实和种子。

生 境 主要栖息于低山丘陵、林缘地边、河谷次生林和阔叶林中，有时亦出现于路旁、村屯附近的疏林和灌木林。

居留型 夏候鸟。

种群状况 分布于喜马拉雅山脉至印度、中国中部及日本，越冬在非洲、印度南部及缅甸。国内见于东北南部至东南和西南的大部分地区、海南，种群数量趋势稳定。保护区内夏季偶见。

戴美杰 摄

温超然 摄

034 噪鹃（杜鹃科 Cuculidae）
Eudynamys scolopaceus

浙江省重点保护野生动物
《中国生物多样性红色名录》无危（LC）
《IUCN红色名录》无危（LC）

特 征 中型鸟类，体长37~43cm。嘴、脚均较杜鹃粗壮，跗跖裸出、无羽。雄鸟通体黑色，具蓝色光泽，下体沾绿。雌鸟上体大致褐色而布满白色斑点，下体白色而杂以褐色横斑。幼鸟通体暗褐色，上体微具蓝色光泽，翅和尾上覆羽有白色斑点。下体自胸以下布满白色横斑。虹膜深红色；嘴白色至土黄色，基部较灰暗；脚蓝灰色（雄鸟）或淡绿色（雌鸟）。

习 性 繁殖期3—8月。多单独活动，常隐蔽于大树顶层茂盛的枝叶丛中，一般仅能听其声而不见影，若不鸣叫，一般很难发现。鸣声嘈杂、清脆而响亮，通常越叫越高越快，至最高时又突然停止，鸣声似"ko-el"声，双音节，常不断重复鸣叫，若有干扰，立刻飞至另一棵树上再叫。主要以榕树、芭蕉和无花果等植物果实、种子为食，也吃毛虫、蚱蠕、甲虫等昆虫。

生 境 栖息于山地、丘陵和山脚平原地带林木茂盛的地方。一般多栖息在海拔1000m以下，也常出现在村寨和耕地附近的高大树木上。

居留型 夏候鸟。

种群状况 分布于印度、中国、东南亚。为我国南方较常见的夏候鸟，国内种群数量趋势稳定。保护区周边湿地夏季常见，保护区内偶见。

戴美杰 摄

戴美杰 摄

戴美杰 摄

陈光辉 摄

035 领角鸮（鸱鸮科 Strigidae）
Otus lettia

国家二级重点保护野生动物
《中国生物多样性红色名录》无危（LC）
《IUCN红色名录》无危（LC）

特 征 小型鸮类，体长20~27cm。外形与红角鸮非常相似，但它后颈基部有一显著的翎领。上体通常为灰褐色或沙褐色，并杂有暗色虫蠹状斑和黑色羽干纹；下体白色或皮黄色，缀有淡褐色波状横斑和黑色羽干纹；前额和眉纹皮黄白色或灰白色。有的亚种跗跖被羽到趾，有的趾裸出。虹膜黄色；嘴角质色沾绿；爪角黄色，先端较暗（东北亚种）。

习 性 繁殖期3—6月。夜行性，白天多躲藏在树上浓密的枝叶丛间，晚上才开始活动和鸣叫。除繁殖期成对活动外，通常单独活动。鸣声低沉，为"不"或"bo"的单音，常连续重复4~5次，飞行轻快无声。主要以鼠类与蝗虫、鞘翅目昆虫为食。

生 境 主要栖息于山地阔叶林和混交林中，也出现于山麓林缘和村寨附近树林内。

居留型 留鸟。

种群状况 分布于印度次大陆、东亚、东南亚。中国夏候鸟见于东北至陕西南部，留鸟见于黄河流域及其以南大部分地区，包括台湾、海南，属常见鸮类。保护区内繁殖季节记录众多。

周佳俊 摄

温超然 摄

036 红角鸮（鸱鸮科 Strigidae）

Otus sunia

国家二级重点保护野生动物
《中国生物多样性红色名录》无危（LC）
《IUCN红色名录》无危（LC）

特　征 小型鸮类，体长16~22cm。面盘呈灰褐色，四周围以棕褐色和黑色皱领，耳簇羽显著。体色有灰色与棕栗色两个色型，具细密的黑褐色虫蠹状斑和黑褐色纵纹，并缀有棕白色或白色斑点，后颈有白色或棕白色斑点。跗跖被羽，但不到趾。虹膜黄色；嘴暗绿色，下嘴先端近黄色；趾肉灰色；爪暗角质色（东北亚种）。

习　性 繁殖期5—8月。夜行性，白天多潜伏于林内，常匿藏在枝叶茂密处，不甚活动，亦不鸣叫，晚上和黄昏才出来活动。常从一棵树飞往另一棵树，飞行快而有力，悄然无声。一般单独活动，繁殖期则成对活动，并常在晚上鸣叫。主要以昆虫、其他小型无脊椎动物和啮齿类动物为食，也吃两栖类、爬行类和鸟类。

生　境 栖息于山地、平原阔叶林和混交林中，也出现于林缘次生林和居民点附近的树林内。

居留型 留鸟。

种群状况 繁殖于喜马拉雅山脉、印度次大陆、东亚、东南亚。国内夏季常见于东北、华北至长江以南，也见于西藏南部等地，种群数量趋势稳定。保护区内记录较多。

郎泽东　摄

郎泽东　摄

037 黄嘴角鸮（鸱鸮科 Strigidae）
Otus spilocephalus

国家二级重点保护野生动物
《中国生物多样性红色名录》近危（NT）
《IUCN红色名录》无危（LC）

特　征 小型鸟类，体长18~21cm。上体棕褐色，具细的黑褐色虫蠹状斑，肩有一系列白色斑点。耳羽簇明显，呈棕褐色，具黑色横斑；面盘亦为棕褐色且具黑色横斑；下缘具白色。尾棕栗色，有6道黑色横斑。下体灰棕褐色，有白色、黄白色斑纹。虹膜黄色，嘴角黄色，跗跖灰黄褐色。

习　性 繁殖期4—6月。夜行性，主要在夜晚和黄昏活动，白天多躲藏在阴暗的树叶丛间或洞穴中。多单独或成对活动。鸣声为连续上扬的双音节哨音，似"嘘嘘"声。主要以鼠类、蜥蜴类、大的昆虫为食。

生　境 主要栖息于海拔2000m以下的山地常绿阔叶林和混交林中，有时也到山脚林缘地带。

居留型 留鸟。

种群状况 分布于东洋界。国内见于台湾、华南、西南南部等地区，种群数量趋势稳定。保护区内记录较多。

钱斌 摄

钱斌 摄

038 雕鸮（鸱鸮科 Strigidae）
Bubo bubo

国家二级重点保护野生动物
《中国生物多样性红色名录》近危（NT）
《IUCN红色名录》无危（LC）

郎泽东　摄

特　征▶ 大型鸮类，体长65~89cm，是我国鸮类中个体最大的一种。耳羽长而显著。通体羽毛大都黄褐色，具黑色斑点和纵纹。喉白色，胸和两胁具浅黑色纵纹，腹具细小黑色横斑，脚和趾均密被羽。虹膜金黄色，嘴和爪铅灰黑色（东北亚种）。

习　性▶ 繁殖期随地区不同而不同，东北地区繁殖期4—7月，在四川繁殖期从12月开始。通常远离人群，在人迹罕到的偏僻之地活动，除繁殖期外常单独活动。夜行性，白天多躲藏在密林中栖息，缩颈闭目栖息于树上，一动不动。但听觉甚为敏锐，稍有声响，立即伸颈睁眼，转动身体，观察四周动静，如发现人立即飞走。飞行慢而无声，通常贴地低空飞行。主要以各种鼠类为食，也吃兔类、蛙类、刺猬、昆虫、雉鸡和其他鸟类。

生　境▶ 栖息于山地森林、平原、荒野、林缘灌丛、疏林，以及裸露的高山、峭壁等各类生境中。

居留型▶ 留鸟。

种群状况▶ 分布于欧亚大陆大部分地区，不含南亚、东南亚。国内除海南、台湾外，其他地区均有分布，虽分布广泛，但数量普遍稀少。保护区内属罕见种。

温超然　摄

039 领鸺鹠（鸱鸮科 Strigidae）
Glaucidium brodiei

国家二级重点保护野生动物
《中国生物多样性红色名录》无危（LC）
《IUCN红色名录》无危（LC）

特 征 小型鸮类，体长14~16cm，是我国最小的鸮类。面盘不显著，无耳簇羽。上体灰褐色且具浅橙黄色横斑，后颈有显著的浅黄色领斑，两侧有一黑斑。下体白色，喉有一栗色斑，两胁有宽阔的棕褐色纵纹和横斑。虹膜鲜黄色，嘴和趾黄绿色，爪角质褐色。

习 性 繁殖期3—7月。除繁殖期外常单独活动，主要为昼行性，多在白天活动，不畏阳光，中午也能在阳光下自由飞翔和觅食，黄昏时亦活动。飞行时常急剧地拍打翅膀，鼓翼飞翔，再滑翔一段，常常鼓翼飞翔和滑翔交替进行。晚上常常鸣叫，几乎整夜不停。鸣声单调，多以四音节的哨声反复鸣叫，其声似"toot-toot-toot-toot"或"poop-poop-poop-poop"。休息时多栖息于高大乔木树上，并常常左右摆动着尾羽。主要以昆虫和鼠类为食，也吃小鸟和其他小型动物。

陈光辉 摄

生 境 栖息于山地森林和林缘灌丛地带。

居留型 留鸟。

种群状况 分布于喜马拉雅山脉至中国南部、东南亚。国内分布于华中、华东、西南、华南及台湾，种群数量趋势稳定。保护区内山地有多次记录。

温超然 摄

040 斑头鸺鹠（鸱鸮科 Strigidae）

Glaucidium cuculoides

国家二级重点保护野生动物
《中国生物多样性红色名录》无危（LC）
《IUCN红色名录》无危（LC）

特　征 小型鸮类，体长20~26cm，是鸺鹠中个体最大者。面盘不明显，无耳羽簇。体羽褐色，头和上、下体羽均具细的白色横斑，腹白色，下腹和肛周具宽阔的褐色纵纹，喉具一显著的白色斑。幼鸟上体横斑较少，有时几乎纯褐色，仅具少许淡色斑点。虹膜黄色；嘴黄绿色，基部较暗；蜡膜暗褐色；趾黄绿色，具刚毛状羽；爪近黑色（华南亚种）。

习　性 繁殖期3—7月。多单个或成对活动，主要为昼行性，多在白天活动和猎食。能像鹰一样在空中捕捉小鸟和大型昆虫。主要以各种昆虫为食，也吃鼠、小鸟、蛙和蜥蜴等其他小型动物。

生　境 栖息于阔叶林、混交林、次生林和林缘灌丛，也出现于村寨和农田附近的疏林、树上。分布高度从平原、低山丘陵到海拔2000m左右的中山混交林地带。

居留型 留鸟。

种群状况 分布于喜马拉雅山脉、印度东北部至中国南部及东南亚。国内分布于华东、华中、华南、西南等，偶见于山东和北京，种群数量趋势稳定。保护区内偶有记录。

温超然　摄

温超然　摄

041 日本鹰鸮（鸱鸮科 Strigidae）
Ninox japonica

国家二级重点保护野生动物
《中国生物多样性红色名录》数据缺乏（DD）
《IUCN红色名录》无危（LC）

特　征 小型鸮类，体长22~32cm。外形似鹰，没有显著的面盘和翎领，亦无耳羽簇，跗跖被羽，趾裸出，仅被有稀疏的刚毛。上体暗棕褐色，前额白色，肩有白色斑，喉和前颈皮黄色且具褐色条纹，其余下体白色，有水滴状红褐色斑点，尾具黑色横斑及端斑。虹膜黄色；嘴灰黑色，嘴端黑褐色；趾肉红色，具浅黄色刚毛；爪黑色。

习　性 繁殖期5—7月。白天多在树冠层栖息，黄昏和晚上活动，有时白天也活动，夜晚多到地面活动和捕食。除繁殖期成对活动外，其他季节多单独活动。幼鸟离巢后至迁徙期间则多成家族群活动。飞行迅速而敏捷，且无声响。在攻击入侵者时飞行更快更有力，常从栖息处突然飞出。繁殖期常在黄昏和晚上鸣叫，鸣声多变，有时发出短促而低沉的"嘣嘣"的鸣叫声，有时又发出类似红角鸮的"王干哥"的鸣声，常常反复鸣叫不息。主要以鼠、小鸟和昆虫为食。

生　境 主要栖息于海拔2000m以下的针阔叶混交林和阔叶林，尤喜林中河谷地带，也出现于低山丘陵和山脚平原地带的树林、林缘灌丛、果园、农田地区的高大树上。

居留型 冬候鸟。

种群状况 国外分布于俄罗斯、朝鲜半岛和日本。国内繁殖于华北至东北，越冬于中国南方，国内种群数量趋势稳定。迁徙季节保护区偶有记录。

周佳俊　摄

温超然　摄

042 普通夜鹰（夜鹰科 Caprimulgidae）
Caprimulgus indicus

《中国生物多样性红色名录》无危（LC）
《IUCN红色名录》无危（LC）

特 征 中型鸟类，体长26~28cm。上体灰褐色，密杂以黑褐色和灰白色虫蠹斑；颏、喉黑褐色，下喉具一大型白斑；胸灰白色，密杂以黑褐色虫蠹斑和横斑；腹和两胁棕黄色，密杂以黑褐色横斑。外侧尾羽具白色端斑。虹膜暗褐色，嘴黑色，脚和趾肉褐色。

习 性 繁殖期5—8月。单独或成对活动。夜行性，白天多蹲伏于林中草地上或卧伏在阴暗的树干上，故俗名"贴树皮"，由于体色和树干颜色很相似，很难被发现。黄昏和晚上才出来活动，尤以黄昏时最为活跃，主要在飞行中捕食，不停地在空中回旋飞行捕食。飞行快速而无声，常在鼓翼飞翔之后伴随着一阵滑翔。繁殖期间常在晚上和黄昏鸣叫不息，其声似不断快速重复的"chuck"或"tuck"。主要以天牛、金龟子、甲虫、夜蛾、蚊等昆虫为食。

生 境 主要栖息于海拔3000m以下的阔叶林和针阔叶混交林，也出现于针叶林、林缘疏林、灌丛、农田地区竹林和丛林内。

居留型 夏候鸟。

种群状况 分布于印度次大陆、中国、东南亚，越冬南迁至印度尼西亚及巴布亚新几内亚。国内繁殖于华东、华南至西南的绝大多数地区，迁徙时见于海南，在西藏东南部为留鸟，国内种群数量趋势稳定。保护区夏季记录较多。

周佳俊 摄

王青良 摄

043 白腰雨燕（雨燕科 Apodidae）
Apus pacificus

《中国生物多样性红色名录》无危（LC）
《IUCN红色名录》无危（LC）

特 征 小型鸟类，体长17~20cm。上体包括两翼和尾大都黑褐色，头顶至上背具淡色羽缘、下背、两翅表面和尾上覆羽微具光泽，亦具近白色羽缘；腰白色，具细的暗褐色羽干纹；颏、喉白色，具细的黑褐色羽干纹；其余下体黑褐色，羽端白色。虹膜棕褐色，嘴黑色，脚和爪紫黑色。

习 性 繁殖期为5—8月。喜成群，常成群地在栖息地上空来回飞翔，早晨多成群飞翔于岩壁附近。阴天多低空飞翔；天气晴朗时常在高空飞翔，或在森林上空成圈飞翔。飞行速度甚快，常边飞边叫，声音尖细，为单音节，其声似"叽"。主要以各种昆虫为食。

生 境 主要栖息于陡峻的山坡、悬崖，尤其是靠近河流、水库等水源附近的悬崖峭壁较为喜欢。

居留型 夏候鸟。

种群状况 繁殖于西伯利亚及东亚，迁移经东南亚至巴布亚新几内亚及澳大利亚越冬。国内繁殖于东北、华北、华东、华中、华南、西南地区，也见于台湾。常见的夏季繁殖鸟，国内种群数量趋势稳定。保护区内夏季偶见。

陈光辉 摄

王青良 摄

044 普通翠鸟（翠鸟科 Alcedinidae）

Alcedo atthis

《中国生物多样性红色名录》无危（LC）
《IUCN红色名录》无危（LC）

特　征　小型鸟类，体长15~18cm。雄鸟前额、头顶、枕和后颈黑绿色，密被翠蓝色细窄横斑。眼先和贯眼纹黑褐色。前额侧部、颊、眼后和耳覆羽栗棕红色，耳后有一白色斑。额纹翠蓝绿黑色，背至尾上覆羽翠蓝色。尾短小，表面暗蓝绿色，下面黑褐色。颏、喉白色，胸灰棕色，腹至尾下覆羽红棕色或棕栗色，腹中央有时较浅淡。雌鸟上体羽色较雄鸟稍淡，多蓝色，少绿色。头顶不为黑绿色而呈灰蓝色。胸、腹红棕色，但较雄鸟为淡，且胸无灰色。虹膜土褐色，嘴黑色，脚和趾朱红色，爪黑色。

习　性　繁殖期5—8月。常单独活动，一般多停息在河边树桩和岩石上，有时也在临近河边小树的低枝上停息。经常长时间一动不动，或鼓动两翼悬浮于空中，低头注视着水面，一见水中鱼虾，立即以极为迅速而凶猛的姿势扎入水中用嘴捕取。通常将猎物带回栖息地，在树枝上或石头上摔打，待鱼死后，再整条吞食。有时也沿水面低空直线飞行，飞行速度甚快，常边飞边叫。主要以小型鱼、虾等水生动物为食。

生　境　主要栖息于林区溪流、平原河谷、水库、水塘、水田岸边。

居留型　留鸟。

种群状况　广泛分布于欧亚大陆、巴布亚新几内亚。国内几乎遍布全国各地，种群数量众多。保护区内山涧溪流处偶见。

温超然　摄

郎泽东　摄

045 蓝翡翠（翠鸟科 Alcedinidae）

Halcyon pileata

《中国生物多样性红色名录》无危（LC）
《IUCN红色名录》无危（LC）

特 征 中型鸟类，体长26~31cm。头顶黑色，颈具一宽的白色领环，上体紫蓝色，颏、喉白色，其余下体棕黄色。幼鸟后颈白领沾棕，喉和胸部羽毛具淡褐色端缘，腹侧有时亦具黑色羽缘。虹膜暗褐色，嘴珊瑚红色，脚和趾红色，爪褐色。

郎泽东 摄

习 性 繁殖期5—7月。常单独活动。多站在水域岸边电线杆上或树上，有时也站于岸上或岸边石头上注视水面，伺机猎食。飞行迅速，常贴水面低空直线飞行，边飞边叫。主要以小鱼、虾、蟹和水生昆虫等水栖动物为食，也吃蛙、昆虫。

生 境 主要栖息于林中溪流、山脚与平原地带的河流、水塘和沼泽地带。

居留型 夏候鸟。

种群状况 繁殖于中国及朝鲜，越冬南迁至印度尼西亚。国内繁殖于东北、华北、华东及华南大部分地区，包括海南，在台湾为迷鸟，国内种群数量趋势稳定。保护区内夏季偶有记录。

郎泽东 摄

046 冠鱼狗（翠鸟科 Alcedinidae）
Megaceryle lugubris

《中国生物多样性红色名录》无危（LC）
《IUCN红色名录》无危（LC）

特　征 中型鸟类，体长37~43cm。头顶具长的黑白色冠羽；上体主要为黑色，具白色横斑和斑点；后颈有一宽的白色领环，向两侧斜伸至下嘴基部；尾黑色，具白色横斑。下体白色，具一宽的黑色胸带，两胁和腹侧具黑色横斑。虹膜暗褐色；嘴角黑色，口裂和嘴尖黄白色；跗跖和趾橄榄铅色。

习　性 繁殖期2—8月。常单独活动。多沿溪流中央直飞，边飞边叫。也常在水域上空飞翔觅食，或站在水边电线杆、岩石、树上等待，一发现水中鱼类，迅即俯冲而下，一头扎入水中。有时也一见鱼游过来，立即扎入水中捕捉，然后飞回栖息的树上吞食。主要以鱼虾等水生动物为食，吃食时先从头部开始慢慢吞食。

生　境 栖息于林中溪流、山脚平原河流、湖泊和水塘岸边。

居留型 留鸟。

种群状况 国外分布于喜马拉雅山脉至东亚和东南亚。国内主要分布于华中、华东及华南，种群数量趋势稳定。保护区内山涧溪流处偶见。

邱泽东　摄

温超然　摄

047 三宝鸟（佛法僧科 Coraciidae）

Eurystomus orientalis

浙江省重点保护野生动物
《中国生物多样性红色名录》无危（LC）
《IUCN红色名录》无危（LC）

特 征 中小型鸟类，体长26~29cm。雄鸟通体蓝绿色，头和翅较暗，呈黑褐色，初级飞羽基部具淡蓝色斑，飞翔时甚明显。常长时间站在林缘道边高大乔木顶端枯枝上，或在空中成圈飞翔和上下飞翔，边飞边"嘎嘎"地鸣叫，野外极易识别。雌鸟羽色较雄鸟暗淡，不如雄鸟鲜亮。幼鸟似成鸟，但羽色较暗淡，背面近绿褐色，喉无蓝色。虹膜暗褐色；嘴朱红色，上嘴先端黑色；脚、趾朱红色；爪黑色。

习 性 繁殖期5—8月。常单独或成对栖息在树顶端枯枝上，有时亦见三五成群在一起，长时间栖息于树顶端纹丝不动，有人走近时则立刻飞去。亦频繁地在空中盘旋或飞翔捕食，飞行姿势颠簸不定，时而急驱直上，时而急转直下，并不断发出单调而粗厉的"嘎嘎"声。主要以甲虫、金龟子、天牛等昆虫为食。

生 境 主要栖息于针阔叶混交林和阔叶林林缘路边、河谷两岸高大的乔木上。

居留型 夏候鸟。

种群状况 广泛分布于东亚、东南亚、巴布亚新几内亚和澳大利亚。国内主要分布在东部地区，种群数量趋势稳定。保护区内夏季较常见。

温超然 摄

郎泽东 摄

048 戴胜（戴胜科 Upupidae）
Upupa epops

浙江省重点保护野生动物
《中国生物多样性红色名录》无危（LC）
《IUCN红色名录》无危（LC）

特　征 中型鸟类，体长25~32cm。嘴细长而微向下弯曲。头上具长的沙粉红色的扇形羽冠，具黑色端斑和白色次端斑，在头上极为醒目。翅宽圆，具粗著的黑白相间横斑，站立或飞行时都甚显眼。飞行时两翅扇动沉重而缓慢，飞行略呈波浪形，野外特征极明显。虹膜暗褐色；嘴黑色，基部淡肉色；脚和趾铅色或褐色。

习　性 繁殖期4—6月。多单独或成对活动。常在地面上慢步行走，边走边觅食，受惊时飞上树枝或飞一段距离后又落地，飞行时两翅扇动缓慢，成一起一伏的波浪式前进。停歇或在地上觅食时，羽冠张开，形如一把扇，遇惊后则立即收贴于头上。性情较为驯善，不太畏人。鸣声似"扑-扑-扑"，粗厉而低沉。鸣叫时，冠羽耸起，旋又伏下，随着叫声，羽冠一起一伏；喉颈部伸长而鼓起，头前伸，并一边行走一边不断点头。主要以昆虫为食，也吃蠕虫等其他小型无脊椎动物。

生　境 栖息于山地、平原、森林、林缘、路边、河谷、农田、草地、村屯和果园等开阔地方，尤其以林缘耕地生境较为常见。冬季主要在山脚平原等低海拔地方，夏季可上到3000m的高海拔地区。

居留型 留鸟。

种群状况 分布于非洲、欧亚大陆。在中国绝大部分地区有分布，在云南、广西等南部地区地为留鸟，北方群体冬季南下越冬，国内种群数量趋势稳定。保护区内记录较少，属罕见鸟。

温超然　摄

陈光辉　摄

049 大拟啄木鸟（拟啄木鸟科 Capitonidae）
Psilopogon virens

《中国生物多样性红色名录》无危（LC）
《IUCN红色名录》无危（LC）

特　征 中型鸟类，体长30~34cm。嘴大而粗厚，象牙色或淡黄色；整个头、颈和喉暗蓝色或紫蓝色，上胸暗褐色，下胸和腹淡黄色，具宽阔的绿色或蓝绿色纵纹；尾下覆羽红色。背、肩暗绿褐色，其余上体草绿色。虹膜褐色或棕褐色，爪角质褐色。

习　性 繁殖期4—8月。常单独或成对活动，在食物丰富的地方有时也成小群。常栖息于高树顶部，能站在树枝上像鹦鹉一样左右移动。叫声单调而洪亮，不断地重复"go-o"叫。食物主要以植物花、果实和种子为食，也吃各种昆虫，特别是在繁殖期间。

生　境 栖息于海拔1500m以下的低、中山常绿阔叶林内，也见于针阔叶混交林，最高分布海拔高度可达2500m。

居留型 留鸟。

种群状况 分布于喜马拉雅山脉至中国南部及中南半岛北部。在中国南方的常绿林中相当常见。国内种群数量稳定，浙江省近年观测记录较多。保护区内偶有记录。

陈光辉 摄

温超然 摄

050 黑眉拟啄木鸟（拟啄木鸟科 Capitonidae）
Psilopogon virens

《中国生物多样性红色名录》无危（LC）
《IUCN红色名录》无危（LC）

特　征 中型鸟类，体长20~25cm。额红色，或额和头顶黑色，枕朱红色（海南亚种）；或额黄色，头顶蓝色（台湾亚种）。眼前具黑色条纹，眉黑色，眼先有红色斑点（海南亚种和台湾亚种）。颈侧和耳覆羽蓝色，后颈、背、腰和尾绿色。飞羽黑色，外翈边缘微缀有蓝色，内翈边缘蛋黄色。颏和上喉金黄色，下喉和颈侧蓝色，形成一蓝色颈环，其下具一鲜红色斑或带，胸、腹和其余下体淡黄绿色。虹膜红褐色，嘴粗厚、铅黑色，脚暗灰色。

习　性 繁殖期4—6月。常单独或成小群活动。多栖息于树上层或树梢上，不爱动。飞行笨拙，只能短距离飞行。晚上多栖息于树洞中。鸣声单调而洪亮，常不断地重复鸣叫，其声似"嘎-嘎"或"咯-咯-咯"，有点像念经的木鱼声。主要以植物果实和种子为食，也吃少量昆虫等动物性食物。

生　境 主要栖息于海拔2500m以下的中低山和山脚平原常绿阔叶林、次生林中。

居留型 留鸟。

种群状况 国外分布于中南半岛、印度尼西亚和马来西亚等地。国内分布于云南、重庆、贵州、湖南、浙江、福建、广东、广西、海南、台湾等地，种群数量趋势稳定。保护区内记录较少。

温超然　摄

陈光辉　摄

051 斑姬啄木鸟（啄木鸟科 Picidae）
Picumnus innominatus

浙江省重点保护野生动物
《中国生物多样性红色名录》无危（LC）
《IUCN红色名录》无危（LC）

特 征 小型鸟类，体长9~10cm。雄鸟上体橄榄绿色，头顶橙红色，头侧有2条白色纵纹，极为醒目；下体乳白色，具粗著的黑色斑点。雌鸟与雄鸟相似，但头顶前部不缀橙红色，为单一的栗色或烟褐色。虹膜褐色或红褐色，嘴和脚铅褐色或灰黑色。

习 性 繁殖期4—7月。常单独活动，多在地上或树枝上觅食，较少像其他啄木鸟那样在树干攀缘。主要以蚂蚁、甲虫和其他昆虫为食。

生 境 栖息于海拔2000m以下的低山丘陵和山脚平原常绿或落叶阔叶林中，也出现于中山混交林和针叶林地带，尤其喜欢在开阔的疏林、竹林和林缘灌丛活动。

居留型 留鸟。

种群状况 分布于喜马拉雅山脉至中国南部、东南亚。国内主要分布在秦岭以南大部分地区，种群数量较为稳定。保护区内偶有记录。

郎泽东 摄

郎泽东 摄

052 星头啄木鸟（啄木鸟科 Picidae）
Dendrocopos canicapillus

浙江省重点保护野生动物
《中国生物多样性红色名录》无危（LC）
《IUCN红色名录》未评估（NE）

特　征　小型鸟类，体长14~18cm。额至头顶灰色或灰褐色，具一宽阔的白色眉纹自眼后延伸至颈侧。雄鸟在枕部两侧各有一深红色斑，上体黑色，下背至腰和两翅呈黑白斑杂状，下体具粗著的黑色纵纹。雌鸟与雄鸟相似，但枕侧无红色。虹膜棕红色或红褐色，嘴铅灰色或铅褐色，脚灰黑色或淡绿褐色。

习　性　繁殖期4—6月。常单独或成对活动，仅巢后带雏期间出现家族群。多在树中上部活动和取食，偶尔也到地面倒木和树桩上取食。飞行迅速，呈波浪式前进。主要以昆虫为食，偶尔也吃植物果实和种子。

生　境　主要栖息于山地和平原阔叶林、针阔叶混交林、针叶林中，也出现于杂木林和次生林，甚至出现于村边和耕地中的零星乔木树上。分布海拔高度可在2500m以上。

居留型　留鸟。

种群状况　分布于巴基斯坦、中国、东南亚。国内种群数量趋势稳定，主要分布于东北至华北、华东、华南、西南，也见于台湾。保护区内有多处分布记录。

温超然　摄

郎泽东　摄

053 大斑啄木鸟（啄木鸟科 Picidae）
Dendrocopos major

浙江省重点保护野生动物
《中国生物多样性红色名录》无危（LC）
《IUCN红色名录》无危（LC）

特 征 小型鸟类，体长20~25cm。上体主要为黑色，额、颊和耳羽白色，肩和翅上各有1块大的白斑。尾黑色，外侧尾羽及飞羽具黑白相间的横斑。下体污白色，无斑；下腹和尾下覆羽鲜红色。雄鸟枕部红色；雌鸟头顶、枕至后颈辉黑色且具蓝色光泽，耳羽棕白色，其余似雄鸟（东北亚种）。虹膜暗红色，嘴铅黑色或蓝黑色，跗跖和趾褐色。

习 性 繁殖期4—5月。常单独或成对活动，繁殖后期则成松散的家族群活动。多在树干和粗枝上觅食，有时也在地上倒木和枝叶间取食。觅食时常从树的中下部跳跃式地向上攀缘，如发现树皮或树干内有昆虫，就迅速啄木取食，用舌头探入树皮缝隙或从啄出的树洞内钩取害虫。如啄木时发现有人，则绕到被啄木的后面藏匿或继续向上攀缘，搜索完一棵树后再飞向另一棵树。飞翔时两翅一开一闭，呈大波浪式前进。主要以各种昆虫为食，也吃蜗牛、蜘蛛等其他小型无脊椎动物，偶尔也吃松子、草籽等植物性食物。

生 境 栖息于山地和平原针叶林、针阔叶混交林、阔叶林中，尤以混交林和阔叶林较多，也出现于林缘次生林、农田地边疏林、灌丛地带。

居留型 留鸟。

种群状况 分布于欧亚大陆的温带林区，印度东北部，缅甸西部、北部及东部，中南半岛北部。中国分布最广泛的啄木鸟，且种群数量趋势稳定，主要分布东北、华北、西北东部、西南、华中、华东、华南。保护区内偶有记录。

郎泽东 摄

郎泽东 摄

054 灰头绿啄木鸟（啄木鸟科 Picidae）

Picus canus

浙江省重点保护野生动物
《中国生物多样性红色名录》无危（LC）
《IUCN红色名录》无危（LC）

特　征 中小型鸟类，体长26~33cm。雄鸟额基灰色，头顶朱红色；雌鸟头顶黑色，眼先黑色，后顶和枕灰色。背灰绿色至橄榄绿色，飞羽黑色，具白色横斑；下体暗橄榄绿色至灰绿色。虹膜红色，嘴灰黑色，脚和趾灰绿色或褐绿色。

习　性 繁殖期4—6月。常单独或成对活动，很少成群。秋、冬季常出现于路旁、农田地边疏林，也常到村庄附近小树林内活动。飞行迅速，呈波浪式前进。常在树干的中下部取食，也常在地面取食，尤其是地上倒木和蚁塚上活动较多。平时很少鸣叫，叫声单纯，仅发出单音节的"ga-ga-"声。但繁殖期间鸣叫甚频繁且洪亮，声调亦较长而多变，其声似"gao-gao-"声。主要以昆虫为食，偶尔也吃植物果实和种子。

生　境 主要栖息于低山阔叶林和混交林，也出现于次生林和林缘地带，很少到原始针叶林中。

居留型 留鸟。

种群状况 分布于欧亚大陆。国内种群数量趋势稳定，除西北、西藏部分地区外，其他地区均有分布。保护区内记录于马峰庵、东关岗。

郎泽东　摄

郎泽东　摄

055 小云雀（百灵科 Alaudidae）
Alauda gulgula

《中国生物多样性红色名录》无危（LC）
《IUCN红色名录》无危（LC）

特　征 小型鸟类，体长14~17cm。上体沙棕色或棕褐色且具黑褐色纵纹，头上有一短的羽冠，当受惊竖起时才明显可见。下体白色或棕白色，胸棕色，具黑褐色羽干纹。虹膜暗褐色或褐色；嘴褐色，下嘴基部淡黄色；脚肉黄色。

习　性 繁殖期4—7月。除繁殖期成对活动外，其他时候多成群活动。善奔跑，主要在地上活动，有时也停歇在灌木上。常突然从地面垂直飞起，边飞边鸣，直上高空，连续拍击翅膀，并能悬停于空中片刻，再拍翅高飞，有时飞得太高，仅能听见鸣叫而难见鸟，鸣声清脆悦耳。降落时常两翅突然相叠，急速下坠，或缓慢向下滑翔。有时亦见与鹨混群活动。主要以植物性食物为食，也吃昆虫等动物性食物。

温超然 摄

生　境 主要栖息于开阔平原、草地、低山平地、河边、沙滩、草丛、农田、荒地以及沿海平原地区。

居留型 留鸟。

种群状况 繁殖于古北界，冬季南迁。国内多见于中南部的广大地区，种群数量稳定，属较常见鸟类。迁徙季节保护区内偶见。

温超然 摄

056 家燕（燕科 Hirundinidae）
Hirundo rustica

《中国生物多样性红色名录》无危（LC）
《IUCN红色名录》无危（LC）

特 征 小型鸟类，体长15~19cm。上体蓝黑色而富有光泽。颏、喉和上胸栗色，下胸和腹白色。尾长，呈深叉状；最外侧1对尾羽特别延长，其余尾羽由两侧向中央依次递减，除中央1对尾羽外，所有尾羽内翈均具1块大型白斑。飞行时尾平展，其内翈上的白斑相互连成V形。幼鸟与成鸟相似，但尾较短，羽色较暗淡。虹膜暗褐色，嘴黑褐色，跗跖和趾黑色。

郎泽东 摄

习 性 繁殖期4—7月。家燕在我国是一种常见的夏候鸟，善飞行，大多数时间成群地在村庄及其附近的田野上空不停地飞翔。飞行迅速敏捷，有时飞得很高，像鹰一样在空中翱翔，有时又紧贴水面一闪而过，时东时西，忽上忽下，没有固定飞行方向。有时还不停地发出尖锐而急促的叫声。有时亦与金腰燕一起活动。主要以昆虫为食。

郎泽东 摄

生 境 喜欢栖息在人类居住的环境，常成对或成群地栖息于村屯中的房顶、电线、附近的河滩和田野里。

居留型 夏候鸟。

种群状况 几乎遍布全世界，繁殖于北半球，冬季南迁经亚洲、非洲至巴布亚新几内亚、澳大利亚。国内几乎遍及各地。家燕是人们最熟知和最常见的一种夏候鸟，分布广，数量大，也深受人们喜爱。保护区内各地均有记录。

057 金腰燕（燕科 Hirundinidae）

Cecropis daurica

《中国生物多样性红色名录》无危（LC）
《IUCN红色名录》无危（LC）

特 征 小型鸟类，体长16~20cm。上体蓝黑色且具金属光泽，腰有棕栗色横带。下体棕白色且具黑色纵纹。尾长，呈深叉状。幼鸟与成鸟相似，但上体缺少光泽，尾亦较短。虹膜暗褐色，嘴黑褐色，跗跖和趾暗褐色。

习 性 繁殖期4—9月。常成群活动，少者几只，多者数十只，迁徙期间有时集成数百只的大群。性极活跃，喜欢飞翔，几乎整天在村庄和附近田野、水面上空飞翔。飞行姿态轻盈而悠闲，有时也能像鹰一样在天空翱翔和滑翔，有时又像闪电一样掠水而过，极为迅速而灵巧。休息时多停歇在房顶、屋檐、房前屋后湿地上和电线上，并常发出"唧-唧"的叫声。主要以昆虫为食，而且主要吃飞行性昆虫。

生 境 主要栖息于低山丘陵和平原地区的村庄、城镇等居民住宅区。

居留型 夏候鸟。

种群状况 主要分布于欧亚大陆南部、非洲、澳大利亚。国内广泛分布于除内蒙古西部、甘肃西部、青藏高原中西部外的大部分地区，种群数量大。保护区内各地均有记录。

郎泽东 摄　　　　　　　　　　　　　　　　　　　　　　　　郎泽东 摄

058 烟腹毛脚燕（燕科 Hirundinidae）

Delichon dasypus

《中国生物多样性红色名录》无危（LC）
《IUCN红色名录》无危（LC）

特　征 小型燕类，体长13~15cm。上体深蓝黑色而富有金属光泽；下体和腰白色，跗跖和趾被白色绒羽，尾呈叉状。幼鸟上体较褐，下体也常缀有褐色，特别是胸的两侧较明显，看起来像是1条暗色胸带。虹膜灰褐或暗褐色，嘴黑色、扁平而宽阔，跗跖和趾橙色或淡肉色。

习　性 繁殖期6—7月。常成群活动，平时多见10余只至20余只的小群活动，迁徙期间常常集成数百只的大群。常在栖息地或水域上空飞翔，边飞边叫，有时飞得很低，有时又飞得相当高。休息时或栖息于电线上，或停落在地上。主要以昆虫为食。

生　境 主要栖息在山地、森林、草坡、河谷等生境，尤喜临近水域的岩石山坡和悬崖，也出现于海岸和城镇居民点。

居留型 留鸟。

温超然　摄

种群状况 繁殖于喜马拉雅山脉至日本，越冬南迁至东南亚。国内分布于华中、华东、华南、青藏高原及台湾，在浙江省为留鸟。国内种群数量趋势稳定。保护区内偶有记录。

温超然　摄

059 山鹡鸰（鹡鸰科 Motacillidae）
Delichon dasypus

《中国生物多样性红色名录》无危（LC）
《IUCN红色名录》无危（LC）

特 征 小型鸟类，体长15~17cm。雌鸟与雄鸟相似，但羽色较暗淡。上体橄榄绿色，翅上有2道显著的白色横斑，外侧尾羽白色。下体白色，胸有2道黑色横带。眉纹白色。虹膜暗褐色或红褐色，上嘴黑褐色，下嘴肉红色或黄白色，跗跖肉色。

习 性 繁殖期5—7月。常单独或成对在林缘、河边、林间空地，甚至城镇公园中的树上活动。喜欢沿着粗的树枝上来回行走，栖止时尾不停地左右来回摆动，身体亦微微随着摆动，并不停地鸣叫；有时一边鸣叫一边沿着树的水平枝行走，尾仍呈水平方向左右来回摆动。鸣声为"唧呱-唧呱-唧呱-唧呱-唧"五个音节一组，见人则发出"唧-唧"的声音。飞行呈波浪式。主要以昆虫为食，也吃蜗牛等小型无脊椎动物。

徐科 摄

生 境 主要栖息于低山丘陵地带的山地森林中，尤以稀疏的次生阔叶林中较常见，也栖息于混交林、落叶林和果园。

居留型 夏候鸟。

种群状况 繁殖在亚洲东部，冬季南移至印度、东南亚。国内繁殖在中国东北、华北、华中、华东，越冬在中国华东、华南、西南及台湾，地方性常见。国内种群数量趋势稳定。保护区内记录于石坞口一带。

周佳俊 摄

温超然 摄

060 白鹡鸰（鹡鸰科 Motacillidae）
Motacilla alba

《中国生物多样性红色名录》无危（LC）
《IUCN红色名录》无危（LC）

特 征 小型鸟类，体长16~20cm。前额和脸颊白色，头顶和后颈黑色。背、肩黑色或灰色。尾长而窄、黑色，2对外侧尾羽白色。喉黑色或白色，胸黑色，其余下体白色。两翅黑色而有白色翅斑。虹膜黑褐色，嘴和跗跖黑色。

习 性 繁殖期4—7月。常单独成对或成3~5只的小群活动。迁徙期间也见成10余只至20余只的大群。多栖息于地上或岩石上，有时也栖息于小灌木或树上，多在水边或水域附近的草地、农田、荒坡或路边活动，或是在地上慢步行走，或是跑动捕食。遇人则斜着起飞，边飞边鸣，鸣声似"jilin-jilin-"，声音清脆响亮。飞行时呈波浪式，有时也较长时间站在一个地方，尾不住地上下摆动。主要以昆虫为食。

生 境 主要栖息于河流、湖泊、水库、水塘等水域岸边，也栖息于农田、沼泽等湿地，有时还栖息于水域附近的居民点和公园。

居留型 留鸟。

种群状况 分布于非洲、欧洲及亚洲，繁殖于东亚的鸟南迁至东南亚越冬。国内几乎遍布各地，种群数量大且趋势稳定。保护区内甚常见。

郎泽东 摄

郎泽东 摄

061 灰鹡鸰（鹡鸰科 Motacillidae）
Motacilla cinerea

《中国生物多样性红色名录》无危（LC）
《IUCN红色名录》无危（LC）

特 征 小型鸟类，体长16~19cm。上体暗灰色或暗灰褐色，眉纹白色，腰和尾上覆羽黄绿色，中央尾羽黑褐色，外侧1对尾羽白色，飞羽黑褐色且具白色翅斑。雄鸟颏、喉夏季为黑色，冬季为白色，其余下体鲜黄色。雌鸟与雄鸟相似，但雌鸟上体较绿灰，颏、喉白色，不为黑色。虹膜褐色，嘴黑褐色或黑色，跗跖和趾暗绿色或角质褐色。

习 性 繁殖期5—7月。常单独或成对活动，有时也集成小群或与白鹡鸰混群，飞行时两翅一展一收，呈波浪式前进，并不断发出"ja-ja-ja-ja"的鸣叫声。常栖息于水边及岩石、电线杆、屋顶等突出物体上，有时也栖息于小树顶端枝头和露出水面的石头上，尾不断地上下摆动。被惊动以后则沿着河谷上下飞行，并不停地鸣叫。常沿河边或道路行走捕食。主要以昆虫为食。

生 境 主要栖息于溪流、河谷、湖泊、水塘、沼泽等水域岸边或水域附近的草地、农田、住宅、林区居民点，尤其喜欢在山区河流岸边和道路上活动，也出现在林中溪流和城市公园中。

居留型 留鸟。

种群状况 繁殖于欧洲至阿拉斯加，南迁至东南亚、印度、非洲至巴布亚新几内亚及澳大利亚。国内繁殖于西北、华北、东北至华中的山地，台湾山区也有繁殖记录，越冬于西南、华南、华东、台湾，国内种群数量趋势稳定。迁徙季节在保护区内较为常见。

郎泽东 摄

郎泽东 摄

062　树鹨（鹡鸰科 Motacillidae）
Anthus hodgsoni

《中国生物多样性红色名录》无危（LC）
《IUCN红色名录》无危（LC）

特　征　小型鸟类，体长15~16cm。上体橄榄绿色，具褐色纵纹，尤以头部较明显。眉纹乳白色或棕黄色，耳后有一白斑。下体灰白色，胸和两胁具显著的黑色纵纹。虹膜红褐色，上嘴黑色，下嘴肉黄色，跗跖和趾肉色或肉褐色。

习　性　繁殖期6—7月。常成对或成3~5只的小群活动，迁徙期间亦集成较大的群。多在地上奔跑觅食，性机警，受惊后立刻飞到附近树上，边飞边发出"chi-chi-chi"的叫声，声音尖细。站立时尾常上下摆动。主要以昆虫为食，也吃蜘蛛、蜗牛等小型无脊椎动物，还吃种子等植物性食物。

郎泽东　摄

生　境　常活动在林缘、路边、河谷、林间空地、高山苔原、草地等各类生境，有时也出现在居民点和田野。繁殖期间主要栖息在海拔1000m以上的阔叶林、混交林和针叶林等山地森林中，南方海拔4000m左右的高山森林地带。

居留型　冬候鸟。

种群状况　繁殖于喜马拉雅山脉及东亚，冬季迁至印度、东南亚。国内分布于从西南到东北大部分地区，在长江以南越冬，种群数量趋势稳定。冬季在保护区内较为常见。

郎泽东　摄

063 黄腹鹨（鹡鸰科 Motacillidae）
Anthus rubescens

《中国生物多样性红色名录》无危（LC）
《IUCN红色名录》无危（LC）

特 征 小型鸟类，体长15~18cm。上体灰褐色或橄榄褐色，具不明显的暗褐色纵纹。外侧尾羽具大型白斑，翅上2条白色横带。下体棕白色或浅棕色，繁殖期喉、胸部沾葡萄红色，胸和两胁微具细的暗色纵纹或斑点，或纵纹不明显。虹膜褐色或暗褐色，嘴暗褐色，脚肉色或暗褐色。

习 性 繁殖期5—8月。常单独或成对活动，迁徙季节和冬季也常集成小群。多在地上活动，奔跑迅速，受干扰后立刻飞向树或附近的灌木丛，呈波浪式飞行。主要以昆虫为食，有偶尔也吃杂草种子和小型无脊椎动物。

生 境 繁殖期主要栖息在海拔2000m以上的高山草原、溪流与河谷岸边，冬季下到低山丘陵和山脚平原地带，除常见在河谷、溪流、湖泊、水塘、沼泽等水域岸边活动外，也栖息于水域附近的农田、草地、水渠和旷野，有时还出现在村落和庭院。

居留型 冬候鸟。

种群状况 繁殖于古北界西部、东北亚及北美洲，越冬南迁。国内迁徙或越冬于大部分地区（除西藏、青海、宁夏外），种群数量趋势稳定。冬季在保护区内较为常见。

戴美杰 摄

温超然 摄

064 暗灰鹃鵙（山椒鸟科 Campephagidae）

Lalage melaschistos

《中国生物多样性红色名录》无危（LC）
《IUCN红色名录》无危（LC）

特 征 中型鸟类，体长20~24cm。雄鸟额、头顶、上体暗蓝灰色或黑灰色；腰和尾上覆羽较浅淡，呈蓝灰色；飞羽深黑色而富有光泽，具白色狭缘；尾羽辉黑色，从中央尾羽向两侧尾羽白色端逐渐变大；下体蓝灰色；腹部变浅，多呈灰色。雌鸟与雄鸟大致相似，但羽色较淡，亦缺少光泽；飞羽和尾羽灰黑色或黑褐色；下体浅蓝灰色或灰色，多沾有茶黄色。虹膜棕红色或暗红色，嘴和脚黑色。

习 性 繁殖期5—7月。常单独或成对活动，偶尔也见集成3~5只的小群。平时多在高大的树冠层活动，或飞翔于树丛间，或长时间地停息在枝叶茂密的树冠上，特别是在林缘或林间空地等开阔地区的松树、杉树、高大的阔叶树上较常见。有时也在山坡竹林和小树上栖息，很少到地上活动和觅食。主要以昆虫为食，也吃少量植物果实与种子。

生 境 主要栖息于海拔1500m以下的低山丘陵和山脚疏林中，尤以山脚平原和低山地带的次生阔叶林、针阔叶混交林及其林缘地带较常见，也出入低山人工种植的松林内。

居留型 夏候鸟。

种群状况 国外分布于喜马拉雅山脉、东南亚。国内主要见于西藏东南部、云南西部和南部、海南，夏候鸟见于华北、华中、华东、西南以及华南大部，冬候鸟见于华南、香港和台湾，国内种群数量趋势稳定。保护区内夏季偶有记录。

温超然 摄

温超然 摄

065 小灰山椒鸟（山椒鸟科 Campephagidae）
Pericrocotus cantonensis

《中国生物多样性红色名录》无危（LC）
《IUCN红色名录》无危（LC）

特　征 小型鸟类，体长18~20cm。雄鸟额和头顶前部白色，有的向后延伸至眼后，形成一短的眉纹，眼先黑色。头顶后部、枕、背暗灰色或灰黑色，腰和尾上覆羽沙褐色。两翼黑褐色，大覆羽具窄的白色羽缘。眼、颊、耳下方和颈侧白色。胸和两胁亦为白色，缀有淡褐灰色，翼缘白色。雌鸟与雄鸟大致相似，但额和头顶前部白色而缀有褐灰色，或仅额部缀有白色，头顶暗褐灰色，背较雄鸟稍淡。虹膜暗褐色，嘴、脚黑色。

温超然　摄

习　性 繁殖期4—7月。常成群活动在高大的乔木树上，有时亦在树丛间飞翔。飞翔呈波浪状，常边飞边叫。多在树冠层栖息和活动，觅食亦多在树上，很少下到地上活动。主要以昆虫为食。

生　境 主要栖息于低山丘陵和山脚平原地带的树林中，次生杂木林、阔叶林、混交林或针叶林中均有栖息。

温超然　摄

居留型 夏候鸟。

种群状况 繁殖于中国华中、华南及华东，于东南亚越冬。国内主要见于华中、华东及以华南各省份，迷鸟见于台湾，国内种群数量趋势稳定。保护区内夏季记录较多。

066 灰喉山椒鸟（山椒鸟科 Campephagidae）

Pericrocotus solaris

《中国生物多样性红色名录》
无危（LC）
《IUCN红色名录》无危（LC）

特 征 小型鸟类，体长17~19cm。雄鸟从头顶到上背石板黑色，下背至尾上覆羽赤红色至深红色；尾黑色，外侧尾羽先端红色；翅黑色，具红色翅斑；下体除喉为灰色、灰白色和橙黄色外，其余皆为红色。雌鸟从头顶到上背暗石板灰色，下背至尾上覆羽橄榄黄色，喉灰白色或沾有黄色，其余下体鲜黄色；翅和尾与雄鸟相同，但其红色翼斑被黄色取代。虹膜褐色，嘴、脚黑色。

雌鸟／温超然 摄

习 性 繁殖期5—6月。常成小群活动，性活泼。飞行姿势优美，常边飞边叫，叫声尖细，其音似"咻-咻-咻"或"咻-咻"，声音单调，第一音节缓慢而长，随之为急促的短音或双音。喜欢在疏林和林缘地带的乔木上活动，觅食也多在树上，很少到地上活动。冬季也常到低山和山脚平原地带的次生林、小块丛林甚至茶园间

雄鸟／温超然 摄

活动。主要以昆虫为食，偶尔也吃少量植物果实与种子。

生 境 主要栖息于低山丘陵地带的杂木林和山地森林中，尤以低山阔叶林、针阔叶混交林较常见，也出入针叶林，有时可到海拔3000m左右的高度。

居留型 留鸟。

种群状况 分布于喜马拉雅山脉、中国南方、东南亚。国内主要分布于长江以南地区。区域性常见留鸟，国内种群数量趋势稳定。保护区内偶见。

067 领雀嘴鹎（鹎科 Pycnonntidae）
Spizixos semitorques

《中国生物多样性红色名录》无危（LC）
《IUCN红色名录》无危（LC）

特 征 小型鸟类，体长17~21cm。嘴短而粗厚、黄色，上嘴略向下弯曲，额和头顶前部黑色（台湾亚种为灰色）。上体暗橄榄绿色，下体橄榄黄色，尾黄绿色且具暗褐色或黑褐色端斑。额基近鼻孔处有一白斑，喉黑色，前颈有一白色颈环。虹膜灰褐或红褐色，脚淡灰褐或褐色。

习 性 繁殖期5—7月。常成群活动，有时也见单独或成对活动的，鸣声婉转悦耳，其声为"pa-de"。主要以植物性食物为主，其中尤以野果占优势，动物性食物较少。

生 境 主要栖息于低山丘陵和山脚平原地区，也见于海拔2000m左右的山地森林和林缘地带，尤其是溪边沟谷灌丛、稀树草坡、林缘疏林、亚热带常绿阔叶林、次生林等不同地区是最喜欢的生境，有时也出现在庭院、果园、村舍附近的丛林与灌丛中。

居留型 留鸟。

种群状况 分布于中国南方及中南半岛北部。国内分布北至甘肃东南部、河南和陕西南部，西至四川、云南、贵州，东至沿海各地，种群数量趋势稳定。保护区内最常见的鸟类之一。

郎泽东 摄

郎泽东 摄

068 黄臀鹎（鹎科 Pycnonntidae）

Pycnonotus xanthorrhous

《中国生物多样性红色名录》无危（LC）
《IUCN红色名录》无危（LC）

特　征 小型鸟类，体长17~21cm。额至头顶黑色，无羽冠或微具短而不明的羽冠。下嘴基部两侧各有一小红斑，耳羽灰褐或棕褐色，上体土褐色或褐色。颏、喉白色，其余下体近白色，胸具灰褐色横带，尾下覆羽鲜黄色。虹膜棕色、茶褐色或黑褐色，嘴、脚黑色。

习　性 繁殖期4—7月。常做季节性的垂直迁移，夏季多沿河谷上到山中部地区，冬季则下到山脚平原，在林缘、山坡灌丛和村落附近。除繁殖期成对活动外，其他季节均成群活动，晚上成群、成排地栖息在树枝或竹枝上过夜。通常3~5只1群，亦见10多只至20只的大群。善鸣叫，鸣声清脆洪亮。主要以植物果实与种子为食，也吃昆虫等动物性食物，但幼鸟几全以昆虫为食。

生　境 主要栖息于中低山、山脚平坝与丘陵地区的次生阔叶林、混交林和林缘地区，尤其喜欢沟谷林、林缘疏林灌丛、稀树草坡等开阔地区，也出现于竹林、果园、农田地边、村落附近的小块丛林和灌木丛中，不喜欢茂密的大森林。

居留型 留鸟。

种群状况 分布于中国南方、缅甸及中南半岛北部。国内见于南方大部分地区，种群数量趋势稳定。在保护区周边湿地较为常见，保护区内偶有记录。

陈光辉　摄

温超然　摄

069 白头鹎（鹎科 Pycnonntidae）
Pycnonotus sinensis

《中国生物多样性红色名录》无危（LC）
《IUCN红色名录》无危（LC）

特 征 小型鸟类，体长17~22cm。额至头顶黑色，两眼上方至后枕白色，形成一白色枕环（两广亚种无此白环，头顶至枕全黑色）。耳羽后部有一白斑，此白环与白斑在黑色的头部均极为醒目。上体灰褐或橄榄灰色且具黄绿色羽缘。颏、喉白色，胸灰褐色，形成不明显的宽阔胸带。腹白色且具黄绿色纵纹。虹膜褐色，嘴黑色，脚亦为黑色。

习 性 繁殖期4—8月。常成3~5只至10多只的小群活动，冬季有时亦集成20~30多只的大群。多在灌木和小树上活动，性活泼，不甚畏人，常在树枝间跳跃，或飞翔于相邻树木间，一般不做长距离飞行。善鸣叫，鸣声婉转多变。食性较杂，既食动物性食物，也吃植物性食物。

生 境 主要栖息于海拔1000m以下的低山丘陵和平原地区的灌丛、草地、有零星树木的疏林荒坡、果园、村落、农田地边灌丛、次生林、竹林，也见于山脚和低山地区的阔叶林、混交林、针叶林及其林缘地带。

居留型 留鸟。

种群状况 分布于东亚及东南亚北部地区。国内主要分布于西至横断山脉、北至兰州到环渤海地区的广泛区域，以及海南、台湾。种群数量趋势稳定，近年来北扩至辽宁，并在北方形成稳定种群。保护区内各处均有记录，是保护区最常见的鸟种之一。

郎泽东 摄

郎泽东 摄

070 栗背短脚鹎（鹎科 Pycnonntidae）
Hemixos castanonotus

《中国生物多样性红色名录》无危（LC）
《IUCN红色名录》无危（LC）

特　征　小型鸟类，体长18~22cm。额栗色，头顶和羽冠黑色。背栗色，翅和尾暗褐色且具白色或灰白色羽缘。颏、喉白色，胸和两胁灰白色，腹中央和尾下覆羽白色。虹膜褐色或红褐色，嘴黑褐色，脚暗褐色或棕褐色。

习　性　繁殖期4—6月。常成对或成小群活动在乔木树冠层，也到林下灌木、小树上活动和觅食。主要以植物性食物为食，也吃昆虫等动物性食物。

生　境　主要栖息于低山丘陵地区的次生阔叶林、林缘灌丛、稀树草坡灌丛及地边丛林等生境中。

居留型　留鸟。

种群状况　分布于东亚及东南亚部分地区。国内主要见于长江以南多数地区，包括海南，种群数量趋势稳定。保护区内属于常见鸟。

郎泽东　摄

王青良　摄

071 绿翅短脚鹎（鹎科 Pycnonntidae）
Ixos mcclellandii

《中国生物多样性红色名录》无危（LC）
《IUCN红色名录》无危（LC）

特 征 中型鸟类，体长20~26cm。头顶羽毛形尖、栗褐色且具白色羽轴纹，在暗色的头部极为醒目。上体灰褐色缀橄榄绿色，两翅和尾亮橄榄绿色。耳和颈侧红棕色，颏、喉灰色，胸灰棕褐色且具白色纵纹，尾下覆羽浅黄色。虹膜暗红色、朱红色、棕红色或紫红色，嘴黑色，跗跖肉色、肉黄色至黑褐色。

习 性 繁殖期5—8月。常成3~5只或10多只的小群活动。多在乔木树冠层或林下灌木上跳跃、飞翔，并同时发出喧闹的叫声，鸣声清脆多变而婉转，其声似"spi-spi-"。主要以野生植物果实与种子为食，也吃部分昆虫。

生 境 主要栖息于海拔800~2500m的次生阔叶林、常绿阔叶林、针阔叶混交林和针叶林等各种类型的森林中，也出入林缘、溪流河畔、地边、路旁，以及村寨附近的竹林、杂木林、树丛中。

居留型 留鸟。

种群状况 分布于东亚、东南亚及喜马拉雅山脉等。国内见于南方多数地区，种群数量趋势稳定。保护区内属于常见鸟。

温超然 摄

徐科 摄

陈光辉 摄

072 黑短脚鹎（鹎科 Pycnonntidae）

Hypsipetes leucocephalus

《中国生物多样性红色名录》无危（LC）
《IUCN红色名录》无危（LC）

特 征 中型鸟类，体长20~26cm。头顶羽毛形尖、栗褐色，且具白色羽轴纹，在暗色的头部极为醒目。上体灰褐色缀橄榄绿色，两翅和尾亮橄榄绿色。耳和颈侧红棕色，颏、喉灰色，胸灰棕褐色且具白色纵纹，尾下覆羽浅黄色。虹膜暗红色、朱红色、棕红色或紫红色，嘴黑色，跗跖肉色、肉黄色至黑褐色。

郎泽东 摄

习 性 繁殖期4—7月。常单独或成小群活动，有时亦集成大群，特别是冬季，集群有时在100只以上。性活泼，常在树冠上来回不停地飞翔，有时也在树枝间跳来跳去，或站于枝头，偶尔也见栖立于电线上，很少到地上活动。善鸣叫，有时站在树梢鸣叫，有时成群边飞边鸣，鸣声粗厉，单调而多变，显得较为嘈杂。主要以昆虫等动物性食物为食，也吃植物果实、种子等植物性食物。

郎泽东 摄

生 境 冬季主要栖息在海拔1000m以下的低山丘陵和山脚平原地带的树林中，夏季可上到海拔1000~2000m，通常生活在次生林、阔叶林、常绿阔叶林和针阔叶混交林及其林缘地带，冬季有时也出现在疏林荒坡、路边或地头树上。

居留型 留鸟。

种群状况 分布于东亚、东南亚及喜马拉雅山脉等地区。国内见于南方多数地区，包括海南和台湾。保护区内属于常见鸟。

073 虎纹伯劳（伯劳科 Laniidae）
Lanius tigrinus

浙江省重点保护野生动物
《中国生物多样性红色名录》无危（LC）
《IUCN红色名录》无危（LC）

特　征 小型鸟类，体长16~19cm。头顶至后颈栗灰色，上体、两翅和尾栗棕色或栗棕红色且具细的黑色波状横纹，下体白色。雄鸟额基黑色且与黑色贯眼纹相连，在灰色的头部极为醒目。雌鸟与雄鸟相似，但前额不为黑色而为灰色，仅前额正中有一小点黑色，无明显的黑色贯眼纹，仅眼上方有一狭窄而短的黑色眉纹，头顶灰色亦不到上背而仅到后颈。上体羽色亦不如雄鸟鲜亮，两胁缀有黑褐色波状横纹；其他与雄鸟相似。虹膜褐色；嘴粗厚、黑色，上嘴先端弯曲成钩状，下嘴有齿突；脚黑色，趾黑褐色。

习　性 繁殖期5—7月。常站在路边小树或灌木顶端，有时亦站在电杆上或电线上，等食物出现时才突然飞去捕猎。性凶猛。多单独或成对活动。叫声粗犷响亮，其声似 "zcha-zcha-zcha-zcha"，鸣叫时常仰首翘尾。飞行时两翅鼓动甚快，多呈波浪式飞行，停落后常四处张望，尾不停地上下或左右摆动。主要以昆虫为食，也猎食蜥蜴、小鸟等小型脊椎动物。

生　境 主要栖息于低山丘陵、山脚平原地区的森林和林缘地带，尤以开阔的次生阔叶林、灌木林和林缘灌丛地带较常见。

居留型 夏候鸟。

种群状况 分布于东亚，冬季南迁至马来半岛及大巽他群岛。国内广泛繁殖于东北至西南各地，北起黑龙江，西至四川盆地西缘，南至珠江流域，越冬于云南、广东、广西、福建等地，迁徙季节见于台湾，国内种群数量趋势稳定。保护区内夏季较常见。

郎泽东　摄

郎泽东　摄

074 红尾伯劳（伯劳科 Laniidae）

Lanius cristatus

浙江省重点保护野生动物
《中国生物多样性红色名录》无危（LC）
《IUCN红色名录》无危（LC）

特 征 小型鸟类，体长18~21cm。雄鸟上体棕褐或灰褐色，两翅黑褐色，头顶灰色或红棕色，具白色眉纹和粗著的黑色贯眼纹。尾上覆羽红棕色，尾羽棕褐色，尾呈楔形。颏、喉白色，其余下体棕白色。雌鸟与雄鸟相似，但羽色较苍淡，贯眼纹黑褐色。幼鸟上体棕褐色，各羽均缀黑褐色横斑和棕色羽缘，下体棕白色，胸和两胁满杂以细的黑褐色波状横斑。虹膜暗褐色，嘴黑色，脚铅灰色。

习 性 繁殖期5—7月。单独或成对活动。性活泼，常在枝头跳跃或飞上飞下。有时亦高高地站立在小树顶端或电线上静静地注视着四周，待有猎物出现时，才突然飞去捕猎，再飞回原来的栖木上栖息。繁殖期间则常站在小树顶端仰首翘尾地高声鸣唱，鸣声粗犷、响亮、激昂有力，有时边鸣唱边突然飞向树顶上空，快速地扇动翅膀，原地飞翔一阵后又落入枝头继续鸣唱，见到人后立刻往下飞入茂密的枝叶丛中或灌丛中。主要以昆虫等动物性食物为食，偶尔吃少量草籽。

生 境 主要栖息于低山丘陵和山脚平原地带的灌丛、疏林、林缘地带，尤其在有稀矮树木和灌丛生长的开阔旷野、河谷、湖畔、路旁、田边地头灌丛中较常见，也栖息于草甸灌丛、山地阔叶林和针阔叶混交林林缘灌丛及其附近的小块次生林内。

居留型 夏候鸟。

种群状况 繁殖于东亚，冬季南迁至南亚、东南亚等。国内主要繁殖于东北、华北、华南、华中、西南等地，以及台湾。种群数量趋势稳定。保护区内夏季较常见。

郎泽东 摄

温超然 摄

徐科 摄

075 棕背伯劳（伯劳科 Laniidae）

Lanius schach

浙江省重点保护野生动物
《中国生物多样性红色名录》无危（LC）
《IUCN红色名录》无危（LC）

特 征 中型鸟类，体长23~28cm，是伯劳中体形较大者。背棕红色，尾长、黑色，外侧尾羽皮黄褐色。两翅黑色且具白色翼斑，额、头顶至后颈黑色或灰色且具黑色贯眼纹。下体颏、喉白色，其余下体棕白色。虹膜暗褐色，嘴、脚黑色。

习 性 繁殖期4—7月。除繁殖期成对活动外，多单独活动。常见在林旁、农田、果园、河谷、路旁、林缘地带的乔木树上与灌丛中活动，有时也见在田间和路边的电线上东张西望，一旦发现猎物，立刻飞去追捕，然后返回原处吞食。性凶猛。繁殖期间常站在树顶端枝头高声鸣叫，其声似"zhigia-zhigia-"不断重复的哨音，并能模仿红嘴相思鸟、黄鹂等其他鸟类的鸣叫声，鸣声悠扬、婉转悦耳。有时边鸣唱边从树顶端向空中飞出数米，快速地扇动两翅，然后又停落到原处。领域意识甚强，特别是在繁殖期间，常常为保卫自己的领域而驱赶入侵者，当情绪激动或见人时，尾常向两边不停地摆动。主要以昆虫等动物性食物为食，偶尔也吃少量植物种子。

生 境 主要栖息于低山丘陵和山脚平原地区，夏季可上到海拔2000m左右的中山次生阔叶林和混交林的林缘地带。

居留型 留鸟。

种群状况 分布于南亚、东南亚、东亚等。国内见于黄河流域及其以南各地，种群数量趋势稳定。保护区内常见留鸟。

郎泽东 摄

郎泽东 摄

076 黑枕黄鹂（黄鹂科 Oriolidae）
Oriolus chinensis

浙江省重点保护野生动物
《中国生物多样性红色名录》无危（LC）
《IUCN红色名录》无危（LC）

特 征 中型鸟类，体长23~27cm。雄鸟通体金黄色，两翅和尾黑色。雄鸟头枕部有一宽阔的黑色带斑，并向两侧延伸，与黑色贯眼纹相连，形成1条围绕头顶的黑带，在金黄色的头部甚为醒目。雌鸟与雄鸟羽色大致相近，但色彩不及雄鸟鲜亮，羽色较暗淡，背面较绿而呈黄绿色。幼鸟与雌鸟相似，上体黄绿色，下体淡绿黄色，下胸、腹中央黄白色，整个下体均具黑色羽干纹。虹膜红褐色，嘴粉红色，脚铅蓝色。

戴美杰 摄

习 性 繁殖期5—7月。常单独或成对活动，有时也见成3~5只的松散群。主要在高大乔木的树冠层活动，很少下到地面。繁殖期间喜欢隐藏在树冠层枝叶丛中鸣叫，鸣声清脆婉转，富有弹音，并且能变换腔调和模仿其他鸟的鸣叫，清晨鸣叫最为频繁，有时边飞边鸣，飞行呈波浪式。主要以昆虫为食，也吃少量植物果实与种子。

戴美杰 摄

生 境 主要栖息于低山丘陵和山脚平原地带的天然次生阔叶林、混交林，也出入农田、原野、村寨附近和城市公园的树上。

居留型 夏候鸟。

种群状况 分布于印度、中国、东南亚。北方鸟南迁越冬。国内繁殖于东北、华北、华中至西南以东区域，留鸟种群见于云南南部、海南和台湾。国内种群数量趋势稳定。夏季区保护内有少量记录。

陈光辉 摄

077 黑卷尾（卷尾科 Dicruridae）
Dicrurus macrocercus

《中国生物多样性红色名录》无危（LC）
《IUCN红色名录》无危（LC）

特　征▶ 中型鸟类，体长24~30cm。通体黑色且具蓝绿色金属光泽。尾长且呈叉状，最外侧1对尾羽最长，末端向外曲且微向上卷。特征极明显，野外不难识别。幼鸟与成鸟大致相似，通体黑褐色，仅肩背部具光泽，翼缘缀有白色，下体自胸以下具近白色端斑，越向后越明显。虹膜褐色，嘴、脚黑色。

习　性▶ 繁殖期4—7月。多成对或成小群活动。喜欢停息在高大乔木或电线上，当发现猎物时，则迅速飞下捕捉，然后又直接飞向高处。繁殖期善鸣叫，尤其在清晨黎明时，常连续鸣叫，彼此遥相呼应，故有"黎鸡"之称。主要以昆虫为食。

生　境▶ 主要栖息于低山丘陵和山脚平原地带，常在溪谷、沼泽、田野、村寨等开阔地区的小块丛林、竹林和稀树草坡等生境中活动，也出现于次生林，果园，阔叶林和针阔叶混交林及其林缘灌丛、疏林中。

居留型▶ 夏候鸟。

种群状况▶ 分布于伊朗至印度、中国、东南亚。国内繁殖于黑龙江至西藏东南部一线以东的地区，留鸟种群见于云南南部、广东、广西、香港、台湾和海南。国内种群数量趋势稳定。夏季保护区内常见。

陈光辉　摄

温超然　摄

078 发冠卷尾（卷尾科 Dicruridae）
Dicrurus hottentottus

《中国生物多样性红色名录》无危（LC）
《IUCN红色名录》无危（LC）

特 征 中型鸟类，体长28~35cm。雄鸟通体绒黑色缀蓝绿色金属光泽，额部具发丝状羽冠，外侧尾羽末端向上卷曲。雌鸟与雄鸟基本相似，但光彩较差，不及雄鸟鲜亮；额部发丝状羽冠亦较短小，不及雄鸟发达。虹膜暗褐色或暗红褐色，嘴、脚黑色。

习 性 繁殖期5—7月。单独或成对活动，很少成群。主要在树冠层活动和觅食，树栖性。飞行较其他卷尾快而有力，飞行姿势亦较优雅，常常是先向上飞，在空中做短暂停留后，才快速降落到树上，如发现空中飞行的昆虫，立刻飞去捕食。鸣声单调、尖厉而多变。主要以各种昆虫为食，偶尔也吃少量植物果实、种子、叶芽等植物性食物。

生 境 栖息于海拔1500m以下的低山丘陵和山脚沟谷地带，多在常绿阔叶

郎泽东 摄

郎泽东 摄

林、次生林或人工松林中活动，有时也出现在林缘疏林、村落、农田附近的小块丛林与树上。

居留型 夏候鸟。

种群状况 分布于印度、中国、东南亚。国内分布于北至河北的广大东部、中西部及西南部地区，迁徙季节见于台湾，国内种群数量趋势稳定。夏季保护区内常见。

079 八哥（椋鸟科 Sturnidae）
Acridotheres cristatellus

《中国生物多样性红色名录》无危（LC）
《IUCN红色名录》无危（LC）

特 征 中型鸟类，体长23~28cm。通体黑色，前额有长而竖直的羽簇，有如冠状。翅具白色翅斑，飞翔时尤为明显。尾羽和尾下覆羽具白色端斑。虹膜橙黄色，嘴乳黄色，脚黄色。

习 性 繁殖期4—8月。常在翻耕过的农地觅食，或站在牛、猪等家畜背上啄食寄生虫。性活泼，成群活动，有时集成大群，特别是傍晚，常集成大群在树上过夜。夜栖地点较为固定，白天常在夜栖地附近地上活动和觅食，待至黄昏才陆续飞至夜栖地。善鸣叫，尤其在傍晚时甚为喧闹。主要以昆虫为食，也吃果实和种子等植物性食物。

生 境 主要栖息于海拔2000m以下的低山丘陵和山脚平原地带的次生阔叶林、竹林、林缘疏林中，也栖息于农田、牧场、果园和村寨附近的大树上，有时还栖息于屋脊上或田间地头。

居留型 留鸟。

种群状况 分布于中国及中南半岛，引种至菲律宾及婆罗洲。国内主要分布于淮河流域及其以南地区，北京等引入种群近年来不断发展，国内种群数量大且稳定。保护区周边较常见，保护区内记录较少。

温超然 摄

周佳俊 摄

温超然 摄

080 丝光椋鸟（椋鸟科 Sturnidae）
Spodiopsar sericeus

《中国生物多样性红色名录》无危（LC）
《IUCN红色名录》无危（LC）

特　征▶ 中型鸟类，体长20~23cm。雄鸟头、颈丝光白色或棕白色，背深灰色，胸灰色，往后均变淡，两翅和尾黑色。雌鸟与雄鸟大致相似，头顶棕白色，头顶后部至后颈暗灰色，其余上体灰褐色，往后变淡，腰和尾上覆羽灰色，额、颊、喉、眉纹和耳羽灰白色，胸淡皮黄灰色，其余下体灰白色，两翅和尾似雄鸟。虹膜黑色；嘴朱红色，尖端黑色；脚橘黄色。

习　性▶ 繁殖期5—7月。除繁殖期成对活动外，常成3~5只的小群活动，偶尔亦见10多只的大群。常在地上觅食，有时亦见和其他鸟类一起在农田、草地上觅食。性较胆怯，见人即飞。鸣声清甜、响亮。主要以昆虫为食，尤其喜食地老虎、甲虫、蝗虫等农林业害虫，也吃桑葚、榕果等植物果实与种子。

生　境▶ 主要栖息于海拔1000m以下的低山丘陵和山脚平原地区的次生林、小块丛林、稀树草坡等开阔地带，尤以农田、道旁、旷野和村落附近的稀疏林间较常见，也出现于河谷和海岸。

居留型▶ 留鸟。

种群状况▶ 分布于中国、越南、菲律宾。国内见于南方大部分地区，包括台湾，国内种群数量大且稳定。保护区周边村、农田较常见，保护区内偶有记录。

温超然　摄

温超然　摄

081 灰椋鸟（椋鸟科 Sturnidae）
Spodiopsar cineraceus

《中国生物多样性红色名录》无危（LC）
《IUCN红色名录》无危（LC）

特 征 中型鸟类，体长20~24cm。雄鸟头顶至后颈黑色，额和头顶杂有白色，颊和耳覆羽白色微杂有黑色纵纹；上体灰褐色，尾上覆羽白色；下体颏白色，喉、胸、上腹和两胁暗灰褐色，腹中部和尾下覆羽白色。雌鸟与雄鸟大致相似，但仅前额杂有白色，头顶至后颈黑褐色；颏、喉淡棕灰色，上胸黑褐色且具棕褐色羽干纹。虹膜褐色；嘴橙红色，尖端黑色；跗跖和趾橙黄色。

习 性 繁殖期5—7月。性喜成群，除繁殖期成对活动外，其他时候多成群活动。常在草甸、河谷、农田等潮湿地上觅食，休息时多栖息于电线上、电杆上和树木枯枝上。主要以昆虫为食，也吃少量植物果实与种子。

生 境 主要栖息于低山丘陵和开阔平原地带的疏林草甸、河谷阔叶林，散生于林缘灌丛和次生阔叶林，也栖息于农田、路边和居民点附近的小块丛林中。

居留型 冬候鸟。

种群状况 分布于西伯利亚、中国、日本、越南北部、缅甸北部、菲律宾。国内繁殖于华北及东北，冬季迁徙至中国南部，部分种群不迁徙，种群数量大且稳定。冬季保护区周边村、农田较常见，保护区内记录较少。

郎泽东 摄　　　　　　　　　　　　　　　　郎泽东 摄

082 松鸦（鸦科 Corvidae）
Garrulus glandarius

《中国生物多样性红色名录》无危（LC）
《IUCN红色名录》无危（LC）

特 征 中型鸟类，体长28~35cm。翅短，尾长，羽毛蓬松，呈绒毛状。头顶有羽冠，遇刺激时能够竖直起来。不同的亚种羽色不同：云南亚种额白，头顶黑色；其余亚种额和头顶红褐色，口角至喉侧有一粗著的黑色颊纹。上体葡萄棕色，尾上覆羽白色，尾和翅黑色，翅上有辉亮的黑、白、蓝三色相间的横斑，极为醒目。

郎泽东 摄

习 性 繁殖期4—7月。除繁殖期多见成对活动外，其他季节多集成3~5只的小群四处游荡，栖息在树顶上，多躲藏在树丛中，不时在树枝间跳来跳去或从一棵树飞向另一棵树，间或发出粗犷而单调的叫声，叫声似"gar-gar-gar"。当有人或进到村屯附近时一般不鸣叫，冬季鸣叫亦少。食性较杂，食物组成随季节和环境而变化。繁殖期主要以昆虫为食；秋、冬季和早春，则主要以植物果实与种子为食，兼食部分昆虫。

徐科 摄

生 境 常年栖息在针叶林、针阔叶混交林、阔叶林等森林中，有时也到林缘疏林和天然次生林内，很少见于平原耕地。冬季偶尔可到林区居民点附近的耕地或路边丛林活动和觅食。

居留型 留鸟。

种群状况 广布于欧亚大陆和北非北部。国内分布于除青藏高原、新疆盆地、内蒙古草原、海南以外的大部分地区，国内种群数量趋势稳定。为保护区内常见的留鸟，记录较多。

083 灰喜鹊（鸦科 Corvidae）
Cyanopica cyanus

《中国生物多样性红色名录》无危（LC）
《IUCN红色名录》无危（LC）

特　征 中型鸟类，体长33~40cm。嘴、脚黑色，额至后颈黑色，背灰色，两翅和尾灰蓝色，初级飞羽外翈端部白色。尾长、突状，具白色端斑，下体灰白色。虹膜黑褐色，跗跖、趾和爪均黑色。

习　性 繁殖期5—7月。除繁殖成对活动外，其他季节多成小群活动，有时甚至集成多达数十只的大群。秋、冬季节多活动在半山区和山麓地区的林缘疏林、次生林、人工林中，有时甚至到农田和居民点附近活动。经常穿梭似地在丛林间跳上跳下或飞来飞去，飞行迅速，两翅扇动较快，但飞不多远就落下。不做长距离飞行，也不在一个地方久留，而是四处游荡，一遇惊扰，则迅速散开，然后又聚集在一起。活动和飞行时都不停地鸣叫，鸣声单调嘈杂，彼此通过叫声进行联系和维持群体的一致性。主要以昆虫为食，也吃植物果实、种子等植物性食物。

生　境 主要栖息于低山丘陵和山脚平原地区的次生林、人工林内，也见于田边、地头、路边和村屯附近的小块林内，甚至出现在城市公园的树上。

居留型 留鸟。

种群状况 分布于东亚大部分地区及伊比利亚半岛。国内见于东部、中部地区，以及海南，为留鸟；香港和云南部分地区有引种或逃逸个体，但群体数量不稳定。由于生境喜好，保护区内偶见。

戴美杰　摄

戴美杰　摄

陈光辉　摄

084 红嘴蓝鹊（鸦科 Corvidae）
Urocissa erythroryncha

《中国生物多样性红色名录》无危（LC）
《IUCN红色名录》无危（LC）

郎泽东　摄

特　征　大型鸦类，体长54~65cm。头、颈、喉和胸黑色，头顶至后颈有1块白色至淡蓝白色或紫灰色块斑，其余上体紫蓝灰色或淡蓝灰褐色。尾长、突状，具黑色亚端斑和白色端斑。下体白色。虹膜橘红色，嘴、脚红色。

习　性　繁殖期5—7月。常成对或成3~5只或10余只的小群活动。性活泼而嘈杂，常在枝间跳上跳下或在树间飞来飞去，飞翔时多呈滑翔姿势，从山上滑到山下，从树上滑到树下，或从一棵树滑向另一棵树。滑翔时两翅平伸，尾羽展开，有时在一阵滑翔之后又伴随着鼓翼飞翔，特别是在受惊时常吃力地鼓动着两翼向山上逃窜。叫声尖锐，似"zha-zha-"声。主要以昆虫等动物性食物为食，也吃植物果实、种子和玉米、小麦等农作物。

生　境　栖息于从山脚平原、低山丘陵到海拔3500m左右的高原山地。主要栖息于山区常绿阔叶林、针叶林、针阔叶混交林和次生林等各种不同类型的森林中，也见于竹林、林缘疏林、村旁与地边树上。

居留型　留鸟。

种群状况　分布于喜马拉雅山脉南部、东亚、东南亚。国内见于北至华北、西至云南的区域，逃逸种群见于台湾，国内种群数量趋势稳定。为保护区内甚为常见的留鸟。

郎泽东　摄

085 灰树鹊（鸦科 Corvidae）
Dendrocitta formosae

《中国生物多样性红色名录》无危（LC）
《IUCN红色名录》无危（LC）

特 征 中型鸟类，体长多为31~39cm。头顶至后枕灰色，其余头部以及颏、喉黑色。背、肩棕褐色或灰褐色，腰和尾上覆羽灰白色或白色，翅黑色且具白色翅斑，尾黑色，中央尾羽灰色。胸、腹灰色，尾下覆羽栗色。虹膜红色或红褐色，嘴、脚黑色。

习 性 繁殖期4—6月。常成对或成小群活动，树栖性，多栖息于高大乔木顶枝上，喜不停地在树枝间跳跃，或从一棵树飞到另一棵树。喜鸣叫，叫声尖厉而喧闹。主要以浆果、坚果等植物果实与种子为食，也吃昆虫等动物性食物。

生 境 主要栖息于山地阔叶林、针阔叶混交林和次生林，也见于林缘疏林和灌丛。

居留型 留鸟。

种群状况 国外分布于喜马拉雅山脉、印度东

郎泽东 摄

郎泽东 摄

部及东北部、缅甸、泰国北部、中南半岛北部。国内分布于秦岭—淮河以南，种群数量趋势稳定。保护区内较为常见。

086 喜鹊（鸦科 Corvidae）
Pica pica

《中国生物多样性红色名录》无危（LC）
《IUCN红色名录》无危（LC）

特 征 ▶ 中型鸟类，体长38~48cm。头、颈、胸和上体黑色，腹白色，翅上有一大型白斑。常栖息于房前屋后树上，特征明显，容易识别。虹膜黑褐色，嘴、脚黑色。

习 性 ▶ 繁殖期3—5月。除繁殖期间成对活动外，常成3~5只的小群活动，秋、冬季节常集成数十只的大群。白天常到农田等开阔地区觅食，傍晚飞至附近高大的树上休息，有时亦见与乌鸦、寒鸦混群活动。性机警，觅食时常有一鸟负责守卫，即使成对觅食时，亦多是轮流分工守候和觅食。如发现危险，守望的鸟发出惊叫声，与觅食鸟一同飞走。飞翔能力较强且持久，飞行时整个身体与尾成直线，尾巴稍微张开，两翅缓慢地鼓动着，雌鸟与雄鸟常保持一定的距离，在地上活动时则以跳跃式前进。鸣声单调、响亮，似"zha-zha-zha"声，常边飞边鸣叫。当成群时，叫声甚为嘈杂。食性较杂，食物组成随季节和环境而变化，夏季主要以昆虫等动物性食物为食，其他季节则主要以植物果实和种子为食。

生 境 ▶ 主要栖息于平原、丘陵和低山地区，尤其是在山麓、林缘、农田、村庄、城市公园等人类居住环境附近较常见，是一种喜欢与人类为邻的鸟类。

居留型 ▶ 留鸟。

种群状况 ▶ 分布于欧亚大陆、北非、加拿大西部及美国加利福尼亚州西部。此鸟在中国分布广泛而常见，分布于除青藏高原外的大部分省份，包括台湾和海南。喜鹊适应能力强，山区、平原都可栖息，国内种群数量大且稳定，是自古以来深受人们喜爱的鸟类，是好运与福气的象征。为保护区及周边村庄、农田常见鸟类。

郎泽东 摄

郎泽东 摄

087 大嘴乌鸦（鸦科 Corvidae）

Corvus macrorhynchos

《中国生物多样性红色名录》无危（LC）
《IUCN红色名录》无危（LC）

特 征 大型鸦类，体长45~54cm。通体黑色且具紫绿色金属光泽。嘴粗大，嘴峰弯曲，嘴基有长羽伸至鼻孔处。额较陡突。尾长，呈楔状。后颈羽毛柔软松散如发状，羽干不明显。虹膜褐色或暗褐色，嘴、脚黑色。

习 性 繁殖期3—6月。喜欢在林间路旁、河谷、海岸、农田、沼泽和草地上活动，有时甚至出现在山顶灌丛和高山苔原地带，但冬季多下到低山丘陵和山脚平原地带，常在农田、村庄等人类居住地附近活动，有时也出入城镇公园和城区树上。除繁殖期间成对活动外，其他季节多成3~5只或10多只的小群活动。多在树上或地上栖息，也栖息于电线杆上和屋脊上。性机警，常伸颈张望和注意观察四周动静，对持枪的人尤为警惕，一旦看到人，即使很远，也立即飞走并不断扭头向后张望。无人的时候却很大胆，有时甚至到居民院坝、猪圈、打谷场、牛棚等处觅食，一旦发现人出来，立即发出警叫声，全群一哄而散，飞到附近树上，待人一离去，又逐渐试探着飞去觅食。早晨和下午较为活跃，觅食频繁，中午多在食场附近树上休息。叫声单调粗犷，似"呱-呱-呱"声。主要以昆虫为食，也吃雏鸟、鸟卵、鼠类、腐肉以及植物叶、芽、果实等。

温超然 摄

温超然 摄

生 境 主要栖息于低山、平原和山地阔叶林、针阔叶混交林、针叶林、次生杂木林、人工林等各种森林类型中，尤以疏林和林缘地带较常见。喜欢在林间路旁、河谷、海岸、农田、沼泽和草地上活动，有时甚至出现在山顶灌丛和高山苔原地带。

居留型 留鸟。

种群状况 分布于伊朗至中国、东南亚。国内见于除新疆、内蒙古西北部、青藏高原外的大部分地区，包括台湾和海南，国内种群数量趋势稳定，为留鸟。保护区内偶有记录。

088 褐河乌（河乌科 Cinclidae）
Cinclus pallasii

《中国生物多样性红色名录》无危（LC）
《IUCN红色名录》无危（LC）

特 征 小型鸟类，体长19~24cm。全身羽毛黑褐色或咖啡黑色，背和尾上覆羽具棕色羽缘，两翅黑褐色，翅上覆羽深咖啡色，羽缘较浅淡。初级飞羽外翈具咖啡褐色狭缘，第一、二枚尤著，内翈基部淡灰褐色。尾较短、黑褐色，腹部中央和尾下覆羽浅黑色。眼圈白色，常被周围的黑褐色羽毛遮盖，不易察见。幼鸟上体黑褐色且具棕黄色鳞状斑，下体胸以下至尾下覆羽具棕褐色弧形斑，次级飞羽具白色狭缘。虹膜褐色，嘴、脚黑褐色。

习 性 繁殖期4—6月。单独或成对活动。多站立在河边或河中露出水面的石头上，腿部稍曲，尾巴上翘，头和尾不时上下摆动。觅食时多潜入水中，善于潜水，能在水中潜游，亦能在水底行走，在河底砾石间寻找食物，冬季亦潜入水中寻食。夜晚栖息于河边岩石缝隙中。飞行快速，两翅鼓动甚快，一般紧贴水面低空飞行。每次飞行距离短，飞行一段距离即落下，不做长距离飞行，如在飞翔中途遇人，能很快地转向相反的方向。边飞边叫，鸣声清脆、响亮，声似"zhi-chi-"声。主要以昆虫为食，也吃虾、小型软体动物和小鱼等。

生 境 栖息于山区溪流与河谷沿岸，尤以水流清澈的林区河谷地带较常见，冬季栖息在不完全冻结的河谷。

居留型 留鸟。

种群状况 分布于南亚、东亚、喜马拉雅山脉及中南半岛北部。国内主要见于东部地区，但新疆北部也有分布，种群数量趋势稳定。保护区内常见于溪流附近。

郎泽东 摄

郎泽东 摄

089 红胁蓝尾鸲（鹟科 Muscicapidae）

Tarsiger cyanurus

《中国生物多样性红色名录》无危（LC）
《IUCN红色名录》无危（LC）

特 征 小型鸟类，体长13~15cm。雄鸟上体灰蓝色，有一短的白色眉纹。下体白色，胸侧灰蓝色，两胁橙棕色。雌鸟上体橄榄褐色，腰和尾上覆羽灰蓝色，尾黑褐色沾灰蓝色。前额、眼先、眼周淡棕色或棕白色，其余头侧橄榄褐色，耳羽杂有棕白色羽缘。下体与雄鸟相似，但胸沾橄榄褐色，胸侧无灰蓝色。虹膜褐色或暗褐色，嘴黑色，脚淡红褐色或淡紫褐色。

习 性 繁殖期4—6月。常单独或成对活动，有时亦见成3~5只的小群，尤其是秋季。主要为地栖性，多在林下地上奔跑或在灌木低枝间跳跃，性喜隐匿，除繁殖期间雄鸟站在枝头鸣叫外，一般多在林下灌丛间活动和觅食，停歇时常上下摆尾。主要以昆虫为食，也吃少量植物果实与种子等植物性食物。

生 境 繁殖期间主要栖息于海拔1000m以上的山地针叶林、岳桦林、针阔叶混交林和山上部林缘疏林灌丛地带，尤以潮湿的冷杉林、岳桦林下较常见。迁徙季节和冬季亦见于低山丘陵和山脚平原地带的次生林、林缘疏林、道旁与溪边疏林灌丛中，有时甚至出现于果园和村寨附近的疏林、灌丛、草坡。

居留型 冬候鸟。

种群状况 繁殖于亚洲东北部及喜马拉雅山脉，冬季迁至中国南方及东南亚。国内繁殖于东北，迁徙经过华北、华中，越冬于长江以南，国内种群数量趋势稳定。冬季保护区记录较多。

雌鸟 / 郎泽东 摄

雄鸟 / 郎泽东 摄

090 鹊鸲（鹟科 Muscicapidae）
Copsychus saularis

《中国生物多样性红色名录》无危（LC）
《IUCN红色名录》无危（LC）

特 征 小型鸟类，体长19~22cm。雄鸟上体大都黑色，翅具白斑，下体前黑后白，极为醒目。雌鸟上体灰褐色，翅具白斑，下体前部灰褐色，后部白色。幼鸟上体灰褐色或暗褐色，喉、胸棕黄色或黄褐色，具黑褐色羽缘，其余与成鸟相似。虹膜褐色，嘴黑色，跗跖和趾黑褐色或灰褐色。

习 性 繁殖期4—7月。性活泼、大胆、不畏人、好斗，特别是繁殖期，常为争夺配偶而格斗。单独或成对活动。休息时常展翅翘尾，有时将尾往上翘到背上，尾梢几与头接触。清晨常高高地站在树梢或房顶上鸣叫，鸣声婉转多变，悦耳动听。尤其是繁殖期间，雄鸟鸣叫更为激昂多变，其他季节早晚亦善鸣，常边鸣叫边跳跃。主要以昆虫为食，偶尔也吃小蛙等小型脊椎动物和植物果实、种子。

生 境 主要栖息于海拔2000m以下的低山、丘陵和山脚平原地带的次生林、竹林、林缘疏林灌丛、小块丛林等开阔地方，尤其喜欢村寨和居民点附近的小块丛

雌鸟／郎泽东 摄

雄鸟／郎泽东 摄

林、灌丛、果园、耕地、路边、房前屋后树林与竹林，甚至出现于城市公园和庭院树上。

居留型 留鸟。

种群状况 分布于印度、中国南方、东南亚。国内分布于长江流域及其以南区域，台湾有引入种，国内种群数量趋势稳定。保护区内较为常见。

091 北红尾鸲（鹟科 Muscicapidae）
Phoenicurus auroreus

《中国生物多样性红色名录》无危（LC）
《IUCN红色名录》无危（LC）

特 征 小型鸟类，体长13~15cm。雄鸟头顶至背石板灰色，下背和两翅黑色，具明显的白色翅斑，腰、尾上覆羽和尾橙棕色，中央1对尾羽和最外侧1对尾羽外翈黑色。前额基部、头侧、颈侧、颏、喉和上胸概为黑色，其余下体橙棕色。雌鸟上体橄榄褐色，两翅黑褐色且具白斑，眼圈微白，下体暗黄褐色。虹膜暗褐色，嘴、脚黑色。

习 性 繁殖期4—7月。常单独或成对活动。行动敏捷，频繁地在地上和灌丛间跳来跳去啄食虫子，偶尔也在空中飞翔捕食。有时还长时间地站在小树枝头或电线上观望，发现地面或空中有昆虫活动时，才立刻疾速飞去捕之，然后又返回原处。性胆怯，见人即藏匿于丛林内。活动时常伴随着"滴-滴-滴"的叫声，声音单调、尖细而清脆，根据声音很容易找到。停歇时常不断地上下摆动尾和点头。主要以昆虫为食，兼食少量浆果或草籽。

生 境 主要栖息于山地、森林、河谷、林缘、居民点附近的灌丛与低矮树丛中，尤以居民点和附近的丛林、花园、地边树丛中较常见，有时也沿公路、河谷伸入大的森林中，但亦多在路边林缘地带活动，很少进入茂密的原始大森林内。

居留型 冬候鸟。

种群状况 主要分布于亚洲东部。国内繁殖于东北、华北、华中和西南山区，迁徙至长江流域及其以南地区越冬，国内种群数量大且趋势稳定。冬季保护区内较常见。

雌鸟／郎泽东 摄

雄鸟／郎泽东 摄

092 红尾水鸲（鹟科 Muscicapidae）
Rhyacornis fuliginosa

《中国生物多样性红色名录》无危（LC）
《IUCN红色名录》无危（LC）

特　征▶ 小型鸟类，体长13~14cm。雄鸟通体暗蓝灰色，两翅黑褐色，尾红色。雌鸟上体暗灰褐色，尾基部白色，翅褐色且具2道白色点状斑，下体灰色且具白色斑。虹膜褐色；嘴黑色；脚雄鸟黑色，雌鸟暗褐色。

习　性▶ 繁殖期3—7月。常单独或成对活动。多站立在水边或水中石头上、公路旁岩壁上、电线上，有时也落在村边房顶上。停立时尾常不断地上下摆动，间或将尾散成扇状，并左右来回摆动。当发现水面或地上有虫子时，则急速飞去捕猎，取食后又飞回原处。有时也在地上快速奔跑啄食昆虫。当有人干扰时，则紧贴水面沿河飞行。常边飞边发出"吱-吱"的鸣叫声，声音单调清脆。主要以昆虫为食，也吃少量植物果实和种子。

生　境▶ 主要栖息于山地溪流与河谷沿岸，尤以多石的林间或林缘地带的溪流沿岸较常见，也出现于平原河谷和溪流，偶尔见于湖泊、水库、水塘岸边。

居留型▶ 留鸟。

种群状况▶ 分布于巴基斯坦、喜马拉雅山脉至中国及中南半岛北部。国内见于西南、华中、华东、华南，北至青海、华北，南至海南，也见于台湾，国内种群数量大且趋势稳定。保护区内常见于溪流附近。

雌鸟／郎泽东　摄

雄鸟／郎泽东　摄

093 红喉歌鸲（鹟科 Muscicapidae）
Calliope calliope

国家二级重点保护野生动物
《中国生物多样性红色名录》无危（LC）
《IUCN红色名录》无危（LC）

特 征 小型鸟类，体长14~17cm。雄鸟上体橄榄褐色，眉纹白色，颏、喉红色，外面围有1圈黑色，极为醒目。胸灰色，腹白色。雌鸟羽色与雄鸟大致相似，但颏、喉白色，胸沙褐色，眉纹棕白色且不明显。虹膜褐色或暗褐色；嘴黑褐色或暗褐色，基部较浅淡；脚角质色或角质黄褐色。

周佳俊 摄

习 性 繁殖期5—7月。是典型的地栖鸟类，常在林下灌丛或地边草丛上奔跑、跳跃，觅食也多在地上，有时也在灌木低枝上取食，常边走边啄食。多单独或成对活动，迁徙期间亦成群。性机警而胆怯，善于隐蔽，活动时多寂静无声，但在繁殖期间善鸣叫，雄鸟站在灌木枝头，有时也站在电线上鸣唱，鸣声悠扬婉转，悦耳动听，富有颤音，有时晨昏和夜间也鸣叫，见人立刻飞落到附近灌丛中。雌鸟较少鸣叫，活动更为隐蔽。主要以昆虫为食。

戴美杰 摄

生 境 栖息于低山丘陵和山脚平原地带的次生阔叶林、混交林中，也栖息于平原地带茂密的树丛和芦苇丛间，尤其喜欢靠近溪流等近水地方。

居留型 旅鸟。

种群状况 国外繁殖于蒙古高原和西伯利亚的广大地区，越冬于东南亚。国内繁殖于东北、青海东北部至甘肃南部及四川，越冬于华南及台湾。

094 小燕尾（鹟科 Muscicapidae）
Enicurus scouleri

《中国生物多样性红色名录》无危（LC）
《IUCN红色名录》无危（LC）

特 征 小型鸟类，体长11~14cm。上体黑色，头顶前部、腰和尾上覆羽白色，在黑色上体衬托下极为醒目，翅黑褐色且具明显的白色翅斑，尾白色，中央尾羽端部黑色。下体胸以上黑色，胸以下白色。幼鸟额和头顶前部黑褐色，颏、喉和上胸近白色且具黑褐色端斑，其余与成鸟相似。虹膜褐色或黑褐色，嘴黑色，脚肉白色。

习 性 繁殖期4—6月。多单独或成对活动，常站在山涧溪边岩石和急流中突出水面的巨石上，或在瀑布下的乱石堆上，尾不断地呈扇形散开和关闭，并上下摆动。遇惊后则紧贴水面沿溪飞行，并不断发出"吱-吱-吱"的叫声。性活泼而大胆，不甚畏人，有时人可以接近到相当近的距离。既在岸边陆地上觅食，也在水中觅食，特别喜欢在半沉浸于水中的岩石上和小的瀑布附近寻食，尤以早晨、中午和黄昏时觅食活动较频繁。休息时多蹲伏在溪边灌丛或岩石等隐蔽物下。主要以昆虫为食。

生 境 主要栖息于湍急的山区溪流与河谷沿岸，尤其是落差大、多瀑布和石头的林区溪流较常见，很少出现在干燥的、无森林覆盖的河流地区。冬季也常下到低山和山脚地带较为暴露的河流沿岸。栖息地海拔高度多在1000~3500m，季节性的垂直迁徙现象亦较明显。

居留型 留鸟。

种群状况 分布于土耳其及巴基斯坦至喜马拉雅山脉、印度东北部、中国、缅甸西部及北部、中南半岛北部。国内主要分布于西藏东南部—甘肃南部—山西南部—上海一线以南的西南、华中、华南、华东地区，包括台湾，国内种群数量趋势稳定。保护区内为留鸟，常见于溪流附近。

郎泽东 摄

郎泽东 摄

郎泽东 摄

095 白额燕尾 (鹟科 Muscicapidae)
Enicurus leschenaulti

《中国生物多样性红色名录》无危（LC）
《IUCN红色名录》无危（LC）

特　征　中型鸟类，体长25~27cm。尾长，呈深叉状，通体黑白相杂。额和头顶前部白色，其余头、颈、背、颏、喉黑色。腰和腹白色，两翅黑褐色且具白色翅斑。尾黑色且具白色端斑，由于尾羽长短不一，中央尾羽最短，往外依次变长，因而使整个尾部呈黑白相间状，极为醒目。幼鸟上体自额至腰咖啡褐色，颏、喉棕白色，胸和上腹淡咖啡褐色且具棕白色羽干纹，其余与成鸟相似。虹膜褐色，嘴黑色，脚肉白色。

习　性　繁殖期4—6月。常单独或成对活动。性胆怯，平时多停息在水边或水中石头上，或在浅水中觅食，遇人或受到惊扰时则立刻起飞，沿水面低空飞行并发出"吱-吱-吱"的尖叫声，每次飞行距离不远。主要以水生昆虫为食。

生　境　主要栖息于山涧溪流与河谷沿岸，尤以水流湍急、河中多石头的林间溪流较喜欢，冬季也见于水流平缓的山脚平原河谷和村庄附近缺少树木隐蔽的溪流岸边。

居留型　留鸟。

种群状况　分布于印度北部、中国南方、东南亚。国内见于长江流域及其以南地区，国内种群数量趋势稳定。保护区内溪流、水源地及周边森林内常见。

郎泽东　摄

郎泽东　摄

096 灰背燕尾（鹟科 Muscicapidae）

Enicurus schistaceus

《中国生物多样性红色名录》无危（LC）
《IUCN红色名录》无危（LC）

特 征 中型鸟类，体长21~24cm。尾长、深叉状，黑色，基部和端部白色，折叠时呈黑白横带状。头顶至背蓝灰色，前额有一宽的白带，腰和尾上覆羽白色。尾翅黑色且具白色翅斑，额基、脸颊、颏、喉黑色，其余下体白色。虹膜黑褐色，嘴黑色，脚肉白色。

习 性 繁殖期4—7月。常单独或成对活动，多在水边石头上或激流中露出水面的石头上停息，并不停地上下摆动着尾，遇惊扰则紧贴水面沿溪飞行。主要以昆虫以及小型无脊椎动物为食。

生 境 繁殖期间主要栖息于海拔300~1500m的山地森林、林缘疏林地带的山涧溪流与河谷岸边，冬季也下到海拔300~1000m的山脚、邻近平原地带的河流与溪谷，尤其喜欢多乱石的山涧溪流。

居留型 留鸟。

种群状况 分布于喜马拉雅山脉至中国南方及中南半岛。国内见于长江流域及其以南地区，种群数量趋势稳定。保护区内溪流附近常见。

陈光辉 摄

陈光辉 摄

097 黑喉石䳭（鹟科 Muscicapidae）
Saxicola maurus

《中国生物多样性红色名录》无危（LC）
《IUCN红色名录》未评估（NE）

特 征 小型鸟类，体长12~15cm。雄鸟上体黑褐色，腰白色，颈侧和肩有白斑，颏、喉黑色，胸锈红色，腹浅棕色或白色。雌鸟上体灰褐色，喉近白色，其余与雄鸟相似。幼鸟与雌鸟相似，但棕色羽缘更宽而显著，眼先、脸颊、耳羽黑色，颏、喉羽端灰白色沾黄，羽基黑色，其余似成鸟。虹膜褐色或暗褐色，嘴、脚黑色。

习 性 繁殖期4—7月。常单独或成对活动。平时喜欢站在灌木枝头和小树顶枝上，有时也站在田间或路边电线上、农作物梢端，并不断地扭动着尾羽。有时亦静立在枝头，注视着四周的动静，若遇飞虫或见到地面有昆虫活动，则立即疾速飞往捕之，然后返回原处。有时亦能鼓动着翅膀停留在空中，或做直上直下的垂直飞翔。在繁殖期间常常站在孤立的小树等高处鸣叫，鸣声尖细、响亮。主要以昆虫为食，也吃蚯蚓、蜘蛛等其他无脊椎动物以及少量植物果实、种子。

生 境 主要栖息于低山、丘陵、平原、草地、沼泽、田间灌丛、旷野，以及湖泊与河流沿岸附近灌丛草地。从海拔几百米到4000m以上的高原河谷和山坡灌丛草地均有分布，是一种分布广、适应性强的灌丛草地鸟类。不进入茂密的森林，但频繁地见于林缘灌丛、疏林草地、林间沼泽、草甸、低洼潮湿的道旁灌丛与地边草地上。

居留型 冬候鸟。

种群状况 繁殖于古北界、东南亚北部，冬季至非洲、中国南方、印度及东南亚。国内广布于各地，包括台湾、海南，种群数量较为稳定。保护区内冬季记录于东关岗一带。

郎泽东 摄

郎泽东 摄

温超然 摄

098 灰林䳭（鹟科 Muscicapidae）
Saxicola ferreus

《中国生物多样性红色名录》无危（LC）
《IUCN红色名录》无危（LC）

特 征 小型鸟类，体长12~15cm。雄鸟上体暗灰色且具黑褐色纵纹，白色眉纹长而显著，两翅黑褐色且具白色斑纹，下体白色，胸和两胁烟灰色。雌鸟上体红褐色且微具黑色纵纹，下体颏、喉白色，其余下体棕白色。幼鸟与雌性成鸟相似，但上体灰褐色且具栗棕色羽缘，形成栗棕色鳞状斑，眉纹灰白色，不太明显。虹膜褐色，嘴、脚黑色。

习 性 繁殖期5—7月。常单独或成对活动，有时亦集成3~5只的小群。常停息在灌木或小树顶枝上，有时也停息在电线和居民点附近的篱笆上。当发现地面有昆虫时，则立刻飞下捕食，也能在空中飞捕昆虫，但多数时间在灌木低枝间飞来飞去寻找食物，不时发出"吱-吱-吱"的叫声。主要以昆虫为食。

生 境 主要栖息于海拔3000m以下的林缘疏林、草坡、灌丛、沟谷、农田和路边草地，有时也沿林间公路和溪谷进入开阔而稀疏的阔叶林、松林等林缘和林间空地，冬季也下到山脚平原地带，甚至进入居民点附近的果园、小树丛和灌丛草地活动。

居留型 留鸟。

种群状况 分布于东洋界北部。国内见于长江流域及其以南地区，迁徙季节见于台湾，国内种群数量较为稳定。保护区内偶有记录。

雌鸟 / 周佳俊　摄

雄鸟 / 温超然　摄

099 栗腹矶鸫（鹟科 Muscicapidae）
Monticola rufiventris

《中国生物多样性红色名录》无危（LC）
《IUCN红色名录》无危（LC）

特 征 中型鸟类，体长20~25cm。雄鸟上体呈辉亮的钴蓝色，两翅黑褐色，喉蓝黑色，其余下体栗红色。雌鸟上体橄榄褐色，背具黑色鳞状斑，下体棕白色，密杂以黑褐色横斑，黑白相衬，极为醒目。虹膜褐色或暗褐色，嘴黑色，脚铅褐色或黑褐色。

习 性 繁殖期5—7月。常单独或成对活动，偶见集成小群。多停在乔木顶枝上，尾上下来回摆动，偶尔也将尾呈扇形散开。主要在地上觅食，也在空中捕食。繁殖期间常站在高树顶端长时间鸣叫。主要以昆虫为食，也吃软体动物、蜥蜴、蛙和小鱼等其他动物。

生 境 繁殖期间主要栖息于海拔1500~3000m的山地常绿阔叶林、针阔叶混交林和针叶林中，尤以陡峻的悬崖和溪流深谷沿岸的针叶林、针阔叶混交林及其林缘地带较常见。秋、冬季多下到海拔1000~2000m的疏林和林缘地带活动，有时甚至进入村寨附近的果园和房前屋后的树上。

居留型 留鸟。

种群状况 分布于巴基斯坦西部至中国南部及中南半岛北部。国内见于西藏东南部和南部、四川、云南、重庆、湖北、湖南、贵州、广西、广东、浙江、福建、海南等地，为留鸟，国内种群数量趋势稳定。保护区内偶见。

雌鸟／郎泽东 摄

雄鸟／郎泽东 摄

100 紫啸鸫（鹟科 Muscicapidae）
Myophonus caeruleus

《中国生物多样性红色名录》无危（LC）
《IUCN红色名录》无危（LC）

特　征　中型鸟类，体长28~35cm。全身上下深紫蓝色并具闪亮的蓝色斑点，两翅黑褐色，表面缀紫蓝色。幼鸟与成鸟基本相似，上体包括两翅和尾表面为紫蓝色，无滴状斑，中覆羽先端缀有白点。下体乌棕褐色，喉侧杂有紫白色短纹，胸和上腹杂有细的白色羽干纹。虹膜暗褐或黑褐色，嘴黑色（西藏亚种和西南亚种嘴黄色），脚黑色。

习　性　繁殖期4—7月。单独或成对活动。地栖性，常在溪边岩石或乱石丛间跳来跳去或飞上飞下，有时也到村寨附近的园圃或地边灌丛中活动。性活泼而机警。在地面活动时主要是跳跃前进，停息时常将尾羽散开并上下摆动，有时还左右摆动。繁殖期间鸣声清脆高亢、多变而富有音韵，其声颇似哨声，甚为动听。在地上和水边浅水处觅食。主要以昆虫为食，偶尔吃少量植物果实与种子。

郎泽东　摄

生　境　主要栖息于海拔3800m以下的山地森林溪流沿岸，尤以阔叶林和混交林中多岩石的山涧溪流沿岸较常见。

居留型　留鸟。

郎泽东　摄

种群状况　分布于土耳其至印度、中国、东南亚。国内主要分布于除青藏高原、新疆大部、内蒙古北部、东北大部之外的各个地区，种群数量趋势稳定。保护区内山涧溪流处偶有记录。

101 蓝矶鸫（鹟科 Muscicapidae）
Monticola solitarius

《中国生物多样性红色名录》无危（LC）
《IUCN红色名录》无危（LC）

特 征 中型鸟类，体长20~30cm。雄鸟通体蓝色，雌鸟上体暗灰蓝色。背具黑褐色横斑，喉中部白色，其余下体棕白色且具黑褐色鳞状斑。虹膜暗褐色，嘴、脚黑色。

习 性 繁殖期4—6月。单独或成对活动。多在地上觅食，常从栖息的高处直落地面捕猎，或突然飞出捕食空中活动的昆虫，然后飞回原栖息处。繁殖期间雄鸟站在突出的岩石顶端或小树枝头长时间地高声鸣叫，昂首翘尾，鸣声多变，清脆悦耳，也能模仿其他鸟鸣。主要以昆虫为食，尤以鞘翅目昆虫为多，也吃少量植物果实与种子。

生 境 主要栖息于多岩石的低山峡谷以及山溪、湖泊等水域附近的岩石山地，也栖息于海滨岩石和附近的山林中，冬季多到山脚平原地带，有时也到城镇、村庄、公园和果园中。常停息在路边小树枝头或突出的岩石、电线、住家屋顶、古塔和城墙顶处。

居留型 留鸟。

种群状况 分布于欧亚大陆。我国主要分布于陕西、甘肃、四川、贵州、云南、湖北、湖南、浙江、福建、广东、香港、广西、海南，西至西藏南部和新疆西部，偶见于台湾，国内种群数量趋势稳定。保护区内偶有记录。

雄性亚成体 / 温超然 摄

雄鸟 / 陈光辉 摄

雄鸟 / 陈光辉 摄

雄性亚成体 / 温超然 摄

102 灰纹鹟（鹟科 Muscicapidae）
Muscicapa griseisticta

《中国生物多样性红色名录》无危（LC）
《IUCN红色名录》无危（LC）

特 征 小型鸟类，体长13~15cm。上体灰褐色，下体污白色且具明显的成条排列的纵纹。翅较长，折合时翼尖几达尾端。虹膜暗褐色；嘴黑色，下嘴基部较淡；脚黑褐色。

习 性 繁殖期6—7月。常单独或成对活动在树冠层中下部枝叶间，尤以上午7:00—8:00和下午2:00—3:00活动较为频繁，常在树冠枝间飞来飞去，或停息在侧枝上，不时飞向空中捕食飞来的昆虫，很少到地面活动和觅食。主要以昆虫为食。

生 境 主要栖息于海拔1100~2200m的山地针阔叶混交林、针叶林，迁徙期间也栖息于阔叶林和次生林。

居留型 旅鸟。

种群状况 繁殖于东北亚，冬季迁徙至婆罗洲、菲律宾、苏拉威西岛及巴布亚新几内亚。在我国繁殖于东北，迁徙经华北、华中、华东、华南及台湾，偶见于四川和云南，国内种群数量趋势稳定。保护区有较多过境记录。

温超然 摄

徐科 摄

温超然 摄

103 北灰鹟（鹟科 Muscicapidae）
Muscicapa dauurica

《中国生物多样性红色名录》无危（LC）
《IUCN红色名录》无危（LC）

特 征 小型鸟类，体长12~14cm。上体灰褐色，眼周和眼先白色，翅和尾暗褐色，翅上大覆羽具窄的灰色端缘，三级飞羽具棕白色羽缘。下体灰白色，胸和两胁缀淡灰褐色。虹膜暗褐色或黑褐色；嘴黑色，下嘴基部较淡，多呈黄白色，嘴较宽阔；脚黑色。

习 性 繁殖期5—7月。常单独或成对，偶尔见成3~5只的小群，停息在树冠层中下部侧枝或枝杈上，当有昆虫飞来，则迅速飞起捕捉，然后又飞落到原处。性机警，善藏匿，鸣声低沉而微弱，似"shi-shi-shi-"声，非繁殖期很少鸣叫。主要以昆虫为食，偶尔吃少量蜘蛛等其他无脊椎动物和花等植物性食物。

生 境 主要栖息于落叶阔叶林、针阔叶混交林和针叶林中，尤其是山地溪流沿岸的混交林和针叶林中较常见，迁徙季节和越冬期间也见于山脚和平原地带的次生林、林缘疏林灌丛和、农田地边小树丛与竹丛中。

居留型 旅鸟。

种群状况 主要分布于欧亚大陆东部，于南亚及东南亚越冬。国内见于东部地区，包括海南及台湾，种群数量趋势稳定。保护区有较多过境记录。

温超然 摄

徐科 摄

温超然 摄

温超然 摄

104 乌鹟（鹟科 Muscicapidae）
Muscicapa sibirica

《中国生物多样性红色名录》无危（LC）
《IUCN红色名录》无危（LC）

特　征 小型鸟类，体长12~13cm。上体乌灰褐色，眼圈白色，翅和尾黑褐色，内侧飞羽具白色羽缘。下体污白色，胸和两胁纵纹粗阔，彼此相融成团，纵纹不明显。虹膜暗褐色；嘴黑褐色，下嘴基部较淡；脚黑色。

习　性 繁殖期5—7月。除繁殖期成对活动外，其他季节多单独活动。树栖性，常在高树树冠层，很少下到地面活动和觅食。多在树枝间跳跃或来回飞翔捕食，也在树冠枝叶上觅食。休息时多栖息于树顶枝上，捕获食物后亦多回到原来的栖木上休息。主要以昆虫为食。

生　境 主要栖息于海拔800m以上的针阔叶混交林和针叶林中，往上可到林线上缘和亚高山矮曲林，在喜马拉雅山地区夏季可上到海拔3200~4200m的高度，在长白山夏季上到海拔1800m左右的高山岳桦矮曲林带。在迁徙季节和冬季，亦栖息于山脚与平原地带的落叶阔叶林、常绿阔叶林、次生林和林缘疏林灌丛。

居留型 旅鸟。

种群状况 繁殖于东北亚、喜马拉雅山脉，在东南亚越冬。国内见于东部大部分地区和华南。保护区记录于东关岗一带。

温超然　摄

温超然　摄

温超然　摄

周佳俊　摄

105 白眉姬鹟（鹟科 Muscicapidae）
Ficedula zanthopygia

《中国生物多样性红色名录》无危（LC）
《IUCN红色名录》无危（LC）

特 征 小型鸟类，体长11~14cm。雄鸟大部分上体黑色，眉纹白色，在黑色的头上极为醒目。腰鲜黄色，两翅和尾黑色，翅上具白斑。下体鲜黄色。雌鸟大部分上体橄榄绿色。腰鲜黄色，翅上亦具白斑。下体淡黄绿色。幼鸟似雌鸟。雄幼鸟尾上覆羽和尾黑色，头顶微具黑色羽缘，下体污白色。虹膜暗褐色；雄鸟嘴黑色；雌鸟上嘴褐色，下嘴铅蓝色；脚铅黑色。

习 性 繁殖期5—7月。常单独或成对活动，多在树冠下层低枝处活动和觅食，也常飞到空中捕食飞行性昆虫，捉到昆虫后又落于较高的枝头上。有时也在林下幼树和灌木上活动和觅食。繁殖期间雄鸟常躲藏在大树茂密的树冠层中鸣唱，鸣声清脆、委婉悠扬，其声似"pi-pi-piaokaopi-pilixiao-ao-"或"cikucikuao-xi"，平时叫声低沉而短促，其声似"xi-xi-xixi"。性胆怯而机警，一遇危险，迅速藏匿。主要以昆虫为食。

生 境 主要栖息于海拔1200m以下的低山丘陵和山脚地带的阔叶林、针阔叶混交林中，尤其是河谷与林缘地带有老龄树木的疏林中较常见，也出入次生林和人工林，迁徙期间有时也见于居民点附近的小树丛和果园中。

居留型 旅鸟。

种群状况 繁殖于东北亚，冬季南迁至东南亚。国内广布于东部和南部地区，种群数量趋势稳定。保护区记录较少，偶有过境记录。

温超然 摄

温超然 摄

徐科 摄

106 红尾歌鸲（鹟科 Muscicapidae）
Larvivora sibilans

《中国生物多样性红色名录》无危（LC）
《IUCN红色名录》无危（LC）

特 征 小型鸟类，体长13~15cm。雄鸟额、头顶暗棕褐色或橄榄褐色，眼周淡黄褐色或黄白色，眼先淡黑褐色或黄褐色，耳羽橄榄褐色杂以细的黄褐色羽干纹。后颈、背、肩、腰等上体橄榄褐色，少数个体淡棕黄色。尾上覆羽棕褐色，尾羽栗红色或棕栗色。翅上覆羽橄榄褐色，飞羽黑褐色，外缘棕褐色。下体白色，颏、喉微沾污皮黄色，各羽均具窄的橄榄褐色羽缘，在颏、喉部形成稀疏的鳞状斑；胸和两胁皮黄白色且具宽而显著的褐色羽缘，形成粗著的黑褐色或橄榄褐色鳞状斑，腹和尾下覆羽污灰白色。雌鸟与雄鸟相似，但上体橄榄褐色较暗，尾羽棕色亦不如雄鸟鲜亮，下体鳞状斑较雄鸟稀疏。虹膜暗褐色，嘴黑褐色，脚黄褐色或角质褐色。

习 性 繁殖期6—7月。常单独或成对活动。性活泼，善藏匿，主要地栖生活，常在林下地上或灌丛间奔跑、跳跃，并不时将尾上举和抖动。鸣声清脆响亮，但较单调，似长的哨音。主要以鞘翅目、鳞翅目等昆虫为食。

生 境 主要栖息于山地针叶林、针阔叶混交林和阔叶林中，尤以林木稀疏、林下灌木较茂盛的地方较常见，冬季和迁徙期间也见于山脚林缘疏林、灌丛、果园和小块丛林地带。

居留型 旅鸟。

种群状况 繁殖于东亚北部，越冬于南亚。国内繁殖于东北，迁徙时经过华中以东大部分地区，越冬于云南、广西、广东、香港和海南，国内种群数量大且稳定。保护区内春季迁徙时记录较多。

温超然 摄

温超然 摄

107 白腹蓝鹟（鹟科 Muscicapidae）

Cyanoptila cyanomelana

《中国生物多样性红色名录》无危（LC）
《IUCN红色名录》无危（LC）

特 征 小型鸟类，体长14~17cm。雄鸟头顶钴蓝色或钴青蓝色，其余上体紫蓝色或青蓝色，两翅和尾黑褐色，羽缘颜色同背，外侧尾羽基部白色。头侧、颏、喉、胸黑色，其余下体白色。雌鸟上体橄榄褐色，腰沾锈色，眼圈白色。颏、喉污白色，胸灰褐色，胸以下白色。虹膜暗褐色或黑褐色，嘴黑褐色，脚黑色。

习 性 繁殖期5—7月。单独或成对活动。雄鸟常站在河谷或溪流附近高树上长时间鸣叫，最早在凌晨3点即开始鸣叫，最晚至日落以后还能听到叫声，叫声清脆婉转、悦耳动听，如一连串哨音。鸣唱时雌鸟常躲藏在附近林下灌丛中，极为隐匿，听到雄鸟的鸣唱，有时飞来落于雄鸟附近的小树枝头，并发出与雄鸟音调相同的鸣唱，但声音低微。雄鸟听到雌鸟回应后则不断点头、翘尾，然后飞向雌鸟，伏在雌鸟背上交尾。交尾时间极为短促，然后雌鸟飞走，雄鸟紧紧地追逐，彼此飞翔于丛林中，飞行迅速，但不远飞。主要以昆虫为食。

生 境 主要栖息于山地阔叶林和混交林中，尤以林缘、较陡的溪流沿岸、附近有陡岩或坡坎的森林地区较常见。

居留型 旅鸟。

种群状况 分布于东亚至东南亚。国内见于东北、华北、华东、华中、华南，偶见于西南，国内种群数量趋势稳定，但记录较少。迁徙季保护区偶有记录。

雌鸟 / 温超然 摄

雄鸟 / 温超然 摄

雄鸟 / 温超然 摄

108 白眉地鸫（鸫科 Turdidae）
Geokichla sibirica

《中国生物多样性红色名录》无危（LC）
《IUCN红色名录》无危（LC）

特　征 中型鸟类，体长21~24cm。雄鸟通体暗蓝灰色或黑灰色，腹中部和尾下覆羽白色，白色眉纹长而显著，尾亦为黑灰色或蓝灰色，外侧尾羽具宽的白色尖端。雌鸟上体橄榄褐色，下体皮黄白色，胸和两胁具褐色横斑。虹膜暗褐色；嘴黑色或黑褐色，下嘴基部黄褐色；脚黄色或橙黄色。

习　性 繁殖期5—7月。常单独或成对活动，迁徙期间亦见小群。主要以昆虫为食，也吃其他小型无脊椎动物和少量植物果实、种子。

生　境 主要栖息于林下植物发达的针阔叶混交林、阔叶林和针叶林，尤其喜欢在河流等水域附近的森林中栖息，迁徙期间也出入林缘、道旁、农田地边和村屯附近的丛林地带。

居留型 旅鸟。

种群状况 繁殖于亚洲北部，冬季迁徙至东南亚。中国繁殖于东北，迁徙时经华北、华东、华中，越冬于华南南部，也见于台湾，国内种群数量趋势稳定。但在保护区内罕见，仅有红外相机影像记录。

钱斌 摄

温超然 摄

钱斌 摄

109 虎斑地鸫（鸫科 Turdidae）
Zoothera aurea

《中国生物多样性红色名录》无危（LC）
《IUCN红色名录》无危（LC）

特 征 中型鸟类，鸫类中最大的一种，体长可达30cm，翅长超过15cm。上体金橄榄褐色，满布黑色鳞状斑。下体浅棕白色，除颏、喉和腹中部外，亦具黑色鳞状斑。虹膜暗色或暗褐色；嘴褐色，下嘴基部肉黄色；脚肉色或橙肉色。

习 性 繁殖期5—8月。地栖性，常单独或成对活动，多在林下灌丛中或地上觅食。性胆怯，见人即飞。多贴地面在林下飞行，有时亦飞到附近树上，起飞时常发出"噶"的一声鸣叫，每次飞不多远即又降落在灌丛中。也能在地上迅速奔跑，多在林下地上落叶层中觅食。主要以昆虫等无脊椎动物为食，也吃少量植物果实、种子、嫩叶等植物性食物。

生 境 主要栖息于阔叶林、针阔叶混交林和针叶林中，尤以溪谷、河流两岸和地势低洼的密林中较常见，春、秋迁徙季节也出入林缘疏林、农田地边、村庄附近的树丛和灌木丛中活动、觅食。

居留型 冬候鸟。

种群状况 广布于欧洲、印度至中国、东南亚。国内见于除海南和青藏高原外的大部分地区，包括台湾，种群数量整体稳定。保护区内冬季偶见。

郎泽东 摄

温超然 摄

郎泽东 摄

110 灰背鸫（鸫科 Turdidae）
Turdus hortulorum

《中国生物多样性红色名录》无危（LC）
《IUCN红色名录》无危（LC）

特 征 中型鸟类，体长20~23cm。雄鸟上体石板灰色，颏、喉灰白色，胸淡灰色，两胁和翅下覆羽橙栗色，腹白色，两翅和尾黑色。雌鸟与雄鸟大致相似，但颏、喉淡棕黄色且具黑褐色、长条形或三角形端斑，尤以两侧斑点较稠密，胸淡黄白色且具三角形羽干斑。虹膜褐色；嘴雄鸟黄褐色，雌鸟褐色；脚肉黄色或黄褐色。

习 性 繁殖期5—8月。常单独或成对活动，春、秋迁徙季节亦集成几只或10多只的小群，有时亦见与其他鸫类结成松散的混合群。主要以昆虫为食，也吃蚯蚓等其他动物和植物果实、种子等。

生 境 主要栖息于海拔1500m以下的低山丘陵地带的茂密森林中。

居留型 冬候鸟。

种群状况 繁殖于西伯利亚东部及中国东北，越冬至中国南方。国内繁殖于东北，迁徙时经华北、华东，越冬于长江以南大部分地区，包括台湾，国内种群数量趋势稳定。保护区内冬季记录较多。

徐科 摄

温超然 摄

温超然 摄

111 乌鸫（鸫科 Turdidae）
Turdus mandarinus

《中国生物多样性红色名录》无危（LC）
《IUCN红色名录》无危（LC）
中国鸟类特有种

特 征 中型鸟类，体长26~28cm。雄鸟通体黑色，嘴和眼周橙黄色，脚黑褐色。雌鸟羽色与雄鸟大致相似，但较淡较褐。通体黑褐色而沾锈色，下体尤著，有不明显的暗色纵纹。虹膜褐色。

习 性 繁殖期3—8月。常单独或成对活动，有时亦集成小群。多在地上觅食。平时多栖息于乔木上，繁殖期间常隐匿于高大乔木顶部枝丛中，不停地鸣叫。主要以昆虫为食，也吃植物果实和种子，尤其在秋、冬季节吃的植物性食物较多。

生 境 主要栖息于次生林、阔叶林、针阔叶混交林和针叶林等各种不同类型的森林中，从海拔数百米到4500m左右均可见，尤其喜欢栖息在林区外围、林缘疏林、农田地旁树林、果园和村镇附近的树丛中，城市公园、绿化小区也经常见其活动和觅食。

居留型 留鸟。

种群状况 2008年原乌鸫的几个亚种被独立为种，包括乌鸫、欧乌鸫和藏鸫等，其中乌鸫的分布范围仅限于中国，为中国鸟类特有种。乌鸫分布于西北、华北、西南、华中、华东和华南的广大区域，种群数量大，适应能力强，是常见的城市鸟类，在生境优越的保护区更是最常见的留鸟之一。

郎泽东 摄

郎泽东 摄

郎泽东 摄

112 白眉鸫（鸫科 Turdidae）
Turdus obscurus

《中国生物多样性红色名录》无危（LC）
《IUCN红色名录》无危（LC）

特　征　中型鸟类，体长19~23cm。雄鸟头与颈灰褐色，具长而显著的白色眉纹，眼下有一白斑，上体橄榄褐色，胸和两胁橙黄色，腹和尾下覆羽白色。雌鸟头和上体橄榄褐色，喉白色且具褐色条纹，其余与雄鸟相似，但羽色稍暗。虹膜褐色；上嘴褐色，下嘴黄色；脚雌鸟黄绿色，雄鸟褐红色。

习　性　繁殖期5—7月。常单独或成对活动，迁徙季节亦见成群。性胆怯。主要以昆虫为食，也吃其他小型无脊椎动物、植物果实与种子。

生　境　繁殖期间主要栖息于海拔1200m以上的针阔叶混交林、针叶林中，尤以河谷等水域附近茂密的混交林中较常见，迁徙和越冬期间也见于常绿阔叶林、杂木林、人工松林、林缘疏林草坡、果园和农田地带。

雌鸟／钱斌　摄

雄鸟／徐科　摄

居留型　旅鸟。

种群状况　分布于西伯利亚和远东地区，迁徙经东亚至东南亚越冬。国内繁殖于东北极北部，迁徙经新疆及西藏以东地区，越冬于华南和台湾，国内种群数量趋势稳定。保护区内记录较少，迁徙季节偶见。

113 白腹鸫（鸫科 Turdidae）
Turdus pallidus

《中国生物多样性红色名录》无危（LC）
《IUCN红色名录》无危（LC）

特 征 中型鸟类，体长21~24cm。雄鸟头灰褐色，无眉纹，背橄榄褐色，尾黑褐色沾灰，外侧尾羽具宽阔的白色端斑。颏白色，喉灰色，胸和两胁灰褐色，其余下体白色沾灰。雌鸟与雄鸟相似，但喉白色，仅两侧有少许灰色，头部褐色亦较浓，初级飞羽、初级覆羽和尾羽亦为褐色。虹膜褐色；上嘴褐色，下嘴黄色，嘴尖淡褐色；脚黄色。

温超然 摄

习 性 繁殖期5—7月。多在森林下层灌木间或地上活动和觅食。除繁殖期间单独或成对活动外，其他季节多成群。主要以昆虫为食，也吃蜗牛等其他无脊椎动物。

生 境 繁殖期主要栖息于茂密的针阔叶混交林，尤其多在混交林中的河谷与溪流两岸活动。迁徙期间多活动在1000m以下的低山丘陵地带的林缘、耕地和道边次生林。

居留型 冬候鸟。

种群状况 繁殖于东北

温超然 摄

亚，冬季南迁至东南亚。国内繁殖于东北，迁徙经华中至长江以南，达广东、海南，偶至云南及台湾越冬，国内种群数量趋势稳定。冬季保护区常见鸟，野外观测记录较多。

114 斑鸫（鸫科 Turdidae）
Turdus eunomus

《中国生物多样性红色名录》无危（LC）
《IUCN红色名录》无危（LC）

特 征▶ 中型鸟类，体长20~24cm。体色较暗，上体从头至尾暗橄榄褐色，杂有黑色。下体白色，喉、颈侧、两胁和胸具黑色斑点，有时在胸部密集成横带。两翅和尾黑褐色，翅上覆羽和内侧飞羽具宽的棕色羽缘；眉纹白色，翅下覆羽和腋羽辉棕色。虹膜黑褐色，喙角质褐色，脚角质褐色至粉褐色。

习 性▶ 繁殖期5—8月。除繁殖期成对活动外，其他季节多成群，特别是迁徙季节，常集成数十只或上百只的大群。性活跃，大胆，不怯人。活动时常伴随着"叽-叽-叽"的尖细叫声，很远即能听见。一般在地上活动和觅食，边跳跃觅食边鸣叫。群的结合较松散，个体间常保持一定的距离，彼此朝一定的方向协同前进。主要以昆虫为食，也吃山葡萄、五味子、山楂等灌木与草本植物的果实、种子。

生 境▶ 繁殖期间主要栖息于西伯利亚泰加林、桦树林、白杨林、杉木林等各种类型森林和林缘灌丛地带，非繁殖季节主要栖息于杨桦林、杂木林、松林和林缘灌丛地带，也出现于农田、地边、果园、村镇附近疏林灌丛草地和路边树上，特别是林缘疏林灌丛和农田地区在迁徙期间较常见。

居留型▶ 冬候鸟。

种群状况▶ 分布于西伯利亚北部，迁徙经东亚，冬季见于中国南部以及南亚北部，迷鸟至西欧。国内主要分布于东北、华北、华中、华东、西南和华南，冬季见于西南和华南、台湾，国内种群数量多且稳定。保护区内冬季最为常见的鸫类之一，有较多野外观测记录以及红外相机记录。

陈光辉　摄

郎泽东　摄

115 红尾斑鸫（鸫科 Turdidae）
Turdus naumanni

《中国生物多样性红色名录》无危（LC）
《IUCN红色名录》无危（LC）

特　征▶ 中型鸟类，体长20~24cm。上体灰褐色，眉纹淡棕红色，腰和尾上覆羽有时具栗斑或为棕红色，翅黑色，外翈羽缘棕白色或棕红色，尾基部和外侧尾棕红色；颏、喉、胸、两胁栗色且具白色羽缘，喉侧具黑色斑点。虹膜褐色；嘴黑褐色，下嘴基部黄色而尖端深色；脚角质褐色至黄褐色。

习　性▶ 繁殖期5—8月。除繁殖期成对活动外，其他季节多成群，特别是迁徙季节，常集成数十只至上百只的大群。性活跃，大胆，不怕人。活动时常伴随着"叽-叽-叽"的尖细叫声，很远即能听见。一般在地上活动和觅食，边跳跃觅食边鸣叫。群的结合较松散，个体间常保持一定距离，彼此朝一定方向协同前进。主要以昆虫为食，也吃山葡萄、五味子、山楂等灌木与草本植物的果实、种子。

生　境▶ 繁殖期间主要栖息于西伯利亚泰加林、桦树林、白杨林、杉木林等各种类型森林和林缘灌丛地带，非繁殖季节主要栖于杨桦林、杂木林、松林和林缘灌丛地带，也出现于农田、地边、果园、村镇附近疏林灌丛草地和路边树上，特别是林缘疏林灌丛和农田地区在迁徙期间较常见。

居留型▶ 冬候鸟。

种群状况▶ 主要分布于古北界东部。国内见于除西藏、海南外各省份，种群数量多且稳定。保护区内常见冬候鸟。

温超然　摄

温超然　摄

116 寿带（王鹟科 Monarvhidae）
Terpsiphone incei

浙江省重点保护野生动物
《中国生物多样性红色名录》近危（NT）
《IUCN红色名录》无危（LC）

特　征▶ 中型鸟类，雄鸟体长19~49cm，雌鸟体长17~22cm。雄鸟头呈蓝黑色且具显著的羽冠，2枚中夹尾羽特形延长。羽色亦有栗色和白色两种类型：栗色型上体栗棕色，额、喉、头、颈和羽冠概为亮蓝黑色，胸灰色，腹和尾下覆羽白色；白色型头、颈、额、喉和栗色型相似，亦概为亮蓝黑色，但其余上、下体全为白色，上体和特形延长的尾具细的黑色羽干纹。雌鸟与栗色型雄鸟相似，但尾不延长。虹膜暗褐色，嘴钻蓝色或蓝色，脚钻蓝色或铅蓝色。

习　性▶ 繁殖期5—7月。常单独或成对活动，偶尔也见3~5只成群。性羞怯。主要以昆虫为食。

生　境▶ 主要栖息于海拔1200m以下的低山丘陵、山脚平原地带的阔叶林和次生阔叶林中，也出没于林缘疏林和竹林，尤其喜欢沟谷和溪流附近的阔叶林。

居留型▶ 夏候鸟。

种群状况▶ 分布于土耳其、印度、中国、东南亚。国内分布于东北南部至云南西部一线以东的适宜生境，迁徙季节见于华南、华东和台湾，国内种群数量相对稳定。在保护区周边区域和保护区内偶有记录，属罕见夏候鸟。

温超然　摄

温超然　摄

117 小黑领噪鹛（噪鹛科 Leiothrichidae）

Garrulax monileger

《中国生物多样性红色名录》无危（LC）
《IUCN红色名录》无危（LC）

特 征 中型鸟类，体长27~29cm。上体棕橄榄褐色，后颈有1条宽的橙棕色领环，1条细长的白色眉纹在黑色贯眼纹的衬托下极为醒目，眼先黑色，耳羽灰白色，上、下缘有黑纹。下体几全为白色，胸部横贯1条黑色胸带。虹膜黄色；嘴黑褐色，尖端较淡；脚淡褐色或肉褐色，爪黄色或黄褐色。

习 性 繁殖期4—6月。喜成群，常数只或10余只一起活动，有时亦见与黑领噪鹛及其他噪鹛混群活动。主要以昆虫为食，也吃植物果实和种子。

生 境 主要栖息于海拔1300m以下的低山和山脚平原地带的阔叶林、竹林、灌丛中，尤喜以栎树为主的常绿阔叶林和沟谷林。

居留型 留鸟。

种群状况 分布于喜马拉雅山脉至中南半岛。国内主要分布于云南西部、西南部、南部，以及湖南、湖北、贵州、浙江、安徽、江西、福建、广西、广东、海南，国内种群数量趋势稳定。保护区内常与黑领噪鹛混群，红外相机有多次影像记录。

郎泽东 摄

陈光辉 摄

118 黑脸噪鹛（噪鹛科 Leiothrichidae）
Garrulax perspicillatus

《中国生物多样性红色名录》无危（LC）
《IUCN红色名录》无危（LC）

特 征 中型鸟类，体长27~32cm。头顶至后颈褐灰色，额、眼先、眼周、颊、耳羽黑色，形成1条围绕额部至头侧的宽阔黑带，状如戴的1副黑色眼镜。背暗灰褐色，至尾上覆羽转为土褐色。颏、喉褐灰色，胸、腹棕白色，尾下覆羽棕黄色。虹膜棕褐色或褐色，嘴黑褐色，脚淡褐色。

郎泽东 摄

习 性 繁殖期4—7月。常成对或成小群活动，特别是秋、冬季节集群较大，可达10多只至20余只，有时与白颊噪鹛混群。主要以昆虫为食，也吃其他无脊椎动物、植物果实与种子、部分农作物。

生 境 主要栖息于平原和低山丘陵地带地灌丛、竹丛中，也出入庭院、人工松柏林、

郎泽东 摄

农田地边、村寨附近的疏林和灌丛内，偶尔也进到高山和茂密的森林。

居留型 留鸟。

种群状况 国外分布于越南北部。国内主要分布于长江流域及其以南地区，但不包括云南中部、台湾和海南，国内种群数量趋势稳定。保护区内偶有记录。

119 黑领噪鹛（噪鹛科 Leiothrichidae）
Garrulax pectoralis

《中国生物多样性红色名录》无危（LC）
《IUCN红色名录》无危（LC）

特 征 中型鸟类，体长28~30cm。上体棕褐色，后颈栗棕色，形成半领环状，眼先棕白色，白色眉纹长而显著，耳羽黑色而杂有白纹。下体几全为白色，胸有1条黑色环带。虹膜棕色或茶褐色；嘴褐色或黑色，下嘴基部黄色；脚暗褐色或铅灰色，爪黄色。

习 性 繁殖期4—7月。性喜集群，常成小群活动，有时亦与小黑领噪鹛或其他噪鹛混群活动，多在林下茂密的灌丛或竹丛中活动和觅食，时而在灌丛枝叶间跳跃，时而在地上灌丛间窜来窜去，一般较少飞翔。性机警，多数时间躲藏在茂密的灌丛等阴暗处。主要以甲虫、蜻蜓、蝇等昆虫为食，也吃草籽、其他植物果实与种子。

生 境 主要栖息于海拔1500m以下的低山、丘陵和山脚平原地带的阔叶林中，也出入林缘疏林和灌丛。

居留型 留鸟。

种群状况 分布于喜马拉雅山脉东段、印度东北部、中国南部、泰国西部、老挝北部及越南北部。国内主要分布于甘南、陕南以南的长江流域及其以南地区，但不见于台湾，国内种群数量趋势稳定。保护区内记录较多。

陈光辉 摄

郎泽东 摄

120 灰翅噪鹛（噪鹛科 Leiothrichidae）

Garrulax cineraceus

《中国生物多样性红色名录》无危（LC）
《IUCN红色名录》无危（LC）

特 征 中型鸟类，体长21~25cm。额黑色，头顶黑色或灰色，眼先、脸白色。上体橄榄褐色至棕褐色，尾和内侧飞羽具窄的白色端斑和宽阔的黑色亚端斑，外侧初级飞羽外翈蓝灰色或灰色，额纹黑色。下体多为浅棕色。虹膜褐色或淡褐色；上嘴暗褐色，下嘴黄色；脚黄褐色。

习 性 繁殖期4—6月。常成对或成3~5只的小群，一般活动在林下灌丛和竹丛间，有时也在林下地上落叶层上活动和觅食。主要以天牛、甲虫、毛虫等昆虫为食，也吃植物果实、种子等。

生 境 主要栖息于海拔600~2600m的常绿阔叶林、落叶阔叶林、针阔叶混交林、竹林和灌木林等各类森林中。

居留型 留鸟。

种群状况 分布于印度东北部及缅甸北部至中国西南、华中、华南及华东部分地区。国内分布于黄河流域中游及其以南的广大地区，但不见于台湾和海南，国内种群数量趋势稳定。保护区内较为常见，有较多野外观测记录。

温超然 摄

温超然 摄

121 棕噪鹛（噪鹛科 Leiothrichidae）
Garrulax poecilorhynchus

国家二级重点保护野生动物
《中国生物多样性红色名录》无危（LC）
《IUCN红色名录》未评估（NE）
中国鸟类特有种

PASSERIFORMES
雀形目

特 征 中型鸟类，体长25~28cm。上体赭褐色，头顶具黑色羽缘，尾上覆羽灰白色，尾羽棕栗色，外侧尾羽具宽阔的白色端斑。额、眼先、眼周、耳羽上部、脸前部和颏黑色，眼周裸皮蓝色，极为醒目。喉和上胸与背同色，下胸至腹蓝灰色。虹膜灰色，眼周裸露部蓝色；嘴端部黄色或黄绿色，基部黑色；脚、趾铅褐色，爪黄色。

习 性 繁殖期5—6月。常单独或成小群活动。性羞怯，善隐藏，多活动在林下灌木丛间地上，很少到森林中上层活动，因而不易见到。主要以昆虫为食，也吃植物果实、种子。

生 境 主要栖息于海拔1000~2700m的山地常绿阔叶林中，尤以林下植物发达、阴暗、潮湿和长满苔藓的岩石地区较常见。

居留型 留鸟。

种群状况 中国鸟类特有种，分布于中国西南至华东的山区和丘陵地带，包括台湾，国内种群数量趋势稳定。保护区内最为常见的噪鹛之一。

郎泽东 摄

郎泽东 摄

郎泽东 摄

郎泽东 摄

122 画眉（噪鹛科 Leiothrichidae）
Garrulax canorus

国家二级重点保护野生动物
《中国生物多样性红色名录》近危（NT）
《IUCN红色名录》无危（LC）

特　征▶ 中型鸟类，体长21~24cm。上体橄榄褐色，头顶至上背棕褐色且具黑色纵纹，眼圈白色，并沿上缘形成一窄纹，向后延伸至枕侧，形成清晰的眉纹，极为醒目。下体棕黄色，喉至上胸杂有黑色纵纹，腹中部灰色。虹膜橙黄色或黄色；上嘴角质色，下嘴橄榄黄色；跗跖和趾黄褐色或浅角质色。

习　性▶ 繁殖期4—7月。常单独或成对活动，偶尔也结成小群。性胆怯而机敏，平时多隐匿于茂密的灌木丛和杂草丛中，不时上到树枝间跳跃、飞翔。主要以昆虫为食，也吃野生植物果实、种子以及少量谷粒等农作物。

生　境▶ 主要栖息于海拔1500m以下的低山、丘陵、山脚平原地带的矮树丛和灌木丛中，也栖息于林缘，农田，旷野，村落和城镇附近小树丛、竹林、庭园内。

居留型▶ 留鸟。

种群状况▶ 分布于中南半岛北部、中国。国内广布于长江流域及其以南的大部分山区和丘陵地带，台湾有逃逸种群。该鸟是笼养鸟非法贸易中主要猎捕对象，全国范围内长期以来种群数量呈下降趋势。得益于自然保护区的依法严格管理，保护区内观测记录较多，属较为常见的留鸟。

温超然　摄

郎泽东　摄

123 白颊噪鹛（噪鹛科 Leiothrichidae）
Garrulax sannio

《中国生物多样性红色名录》无危（LC）
《IUCN红色名录》未评估（NE）

特　征 中型鸟类，体长21~25cm。头顶栗褐色，眼先、眉纹和颊白色，在暗色的头部极为醒目。上体棕褐色，尾棕栗色。下体栗褐色，尾下覆羽红棕色。虹膜栗色、暗褐色或茶褐色，嘴黑褐色，脚黄褐或灰褐色。

习　性 繁殖期3—7月。除繁殖期成对活动外，其他季节多成群活动，集群个体从10余只到20余只不等，有时也见与黑脸噪鹛混群，多在森林中下层、地上活动和觅食。主要以昆虫等动物性食物为食，也吃植物果实和种子。

生　境 主要栖息于海拔2000m以下的低山丘陵、山脚平原等地的矮树灌丛和竹丛中，也栖息于林缘，溪谷，农田和村庄附近的灌丛、芦苇丛、稀树草地，甚至出现在城市公园和庭院。

居留型 留鸟。

种群状况 国外分布于印度东北部、缅甸北部及东部、中南半岛北部。国内分布于长江流域及其以南地区，国内种群数量趋势稳定。保护区内偶有观测记录。

陈光辉　摄

戴美杰　摄

周佳俊　摄

124 红嘴相思鸟（噪鹛科 Leiothrichidae）
Leiothrix lutea

国家二级重点保护野生动物
《中国生物多样性红色名录》无危（LC）
《IUCN红色名录》无危（LC）

特　征 小型鸟类，体长13~16cm。雄鸟上体暗灰绿色，眼先、眼周淡黄色，耳羽浅灰色或橄榄灰色。两翅具黄色和红色翅斑，尾叉状、黑色，颏、喉黄色，胸橙黄色。雌鸟与雄鸟大致相似，但翼斑朱红色为橙黄色所取代，眼先白色，微沾黄色。虹膜暗褐色或淡红褐色；嘴赤红色，基部黑色；跗跖和趾黄褐色。

习　性 繁殖期5—7月。除繁殖期间成对或单独活动外，其他季节多成3~5只或10余只的小群，有时亦与其他小鸟混群活动。性大胆，不甚畏人。主要以昆虫为食，也吃植物果实、种子等植物性食物，偶尔也吃少量玉米等农作物。

生　境 主要栖息于海拔1200~2800m的山地常绿阔叶林、常绿落叶混交林、竹林和林缘疏林灌丛地带，冬季多下到海拔1000m以下的低山、山脚、平原与河谷地带，有时也进到村舍、庭院和农田附近的灌木丛中。

居留型 留鸟。

种群状况 广布于喜马拉雅山脉、中国南方大部分山区及邻近的东南亚地区。国内种群数量大且稳定，但该鸟是笼养鸟非法贸易中的主要猎捕对象，应加大保护力度。得益于保护区的严格管理，是保护区内常见留鸟，多处均有观测记录。

郎泽东　摄

郎泽东　摄

郎泽东　摄

125　华南斑胸钩嘴鹛（林鹛科 Timaliidae）
Erythrogenys swinhoei

《中国生物多样性红色名录》无危（LC）
《IUCN红色名录》无危（LC）
中国鸟类特有种

特　征 中型鸟类，体长23cm左右。头顶及尾棕褐色，前额和脸颊锈红色，眼先白色，上体红褐色，颏、喉灰白色，前胸具黑色斑点连成的纵纹，下腹及两胁灰色。似斑胸钩嘴鹛，但下体为灰色，两胁少染棕色。虹膜淡黄白色，喙粉褐色，脚角质褐色。

习　性 繁殖期5—7月。多单独或集小群活动，隐匿而怯人，常能听到其翻捡落叶的声音。主要以昆虫为主食，也吃草籽等植物种子。

温超然　摄

生　境 主要栖息于中低海拔山地森林中，也见于丘陵灌木丛、矮树丛、草丛、竹丛间。

居留型 留鸟。

种群状况 中国鸟类特有种，主要分布于安徽、湖南、江西、浙江、福建、广东、广西，国内种群数量趋势稳定。保护区内偶有记录。

温超然　摄

126 棕颈钩嘴鹛（林鹛科 Timaliidae）
Pomatorhinus ruficollis

《中国生物多样性红色名录》无危（LC）
《IUCN红色名录》无危（LC）

特　征 小型鸟类，体长16~19cm，是我国钩嘴鹛中体形最小的一种。嘴细长而向下弯曲，具显著的白色眉纹和黑色贯眼纹。上体橄榄褐色、棕褐色、栗棕色，后颈栗红色。颏、喉白色，胸白色且具栗色或黑色纵纹，也有的无纵纹和斑点，其余下体橄榄褐色。虹膜茶褐色或深棕色；上嘴黑色，先端和边缘乳黄色，下嘴淡黄色；脚和趾铅褐色或铅灰色。

习　性 繁殖期4—7月。常单独、成对或成小群活动。性活泼，胆怯畏人，常在茂密的树丛或灌丛间疾速穿梭或跳来跳去，一遇惊扰，立刻藏匿于丛林深处，或由一个树丛飞向另一个树丛，每次飞行距离很短。主要以昆虫为食，也吃植物果实与种子。

生　境 主要栖息于低山和山脚平原地带的阔叶林、次生林、竹林、林缘灌丛中，也出入村寨附近的茶园、果园、路旁丛林和农田边灌木丛间，夏季在有些地方也上到海拔2300m左右的阔叶林和灌木丛中。

居留型 留鸟。

种群状况 国外分布于喜马拉雅山脉、缅甸、中南半岛北部。国内常见于包括海南、台湾、云南西南部和西藏东南部的广大南方地区，为各地常见留鸟。在保护区内也属常见鸟类，各处均有观测记录。

郎泽东　摄

郎泽东　摄

127 红头穗鹛（林鹛科 Timaliidae）
Cyanoderma ruficeps

《中国生物多样性红色名录》无危（LC）
《IUCN红色名录》未评估（NE）

特　征　小型鸟类，体长10~12cm。头顶棕红色，上体淡橄榄褐色，沾绿色。下体颏、喉、胸浅灰黄色，颏、喉具细的黑色羽干纹，头侧淡橄榄褐色。虹膜棕红或栗红色；上嘴角质褐色，下嘴暗黄色，跗跖和趾黄褐色或肉黄色。

习　性　繁殖期4—7月。常单独或成对活动，有时也见成小群或与棕颈钩嘴鹛或其他鸟类混群活动，在林下或林缘灌丛枝叶间飞来飞去或跳上跳下。鸣声单调，三声一度，其声似"tu-tu-tu"。主要以昆虫为食，偶尔也吃少量植物果实与种子。

生　境　主要栖息于山地森林中，分布海拔350~2500m，高度从北向南递次增高。

居留型　留鸟。

种群状况　分布于喜马拉雅山脉东部至中国南部、中南半岛。国内主要见于长江流域及其以南地区，包括台湾，国内种群数量大且稳定。保护区内属常见鸟种，观测记录较多。

温超然　摄

温超然　摄

128 丽星鹩鹛（丽星鹩鹛科 Elachuridae）

Elachura formosa

《中国生物多样性红色名录》近危（NT）
《IUCN红色名录》无危（LC）

特　征 小型鸟类，体长10~11cm。上体和两翅覆羽暗褐色且满布白色斑点，飞羽具棕褐色与黑褐色相间的横斑，尾短且具棕褐色与黑色相间的横斑。喉和下体暗黄褐色且满布白色斑点。虹膜褐色，嘴角质褐色，脚和趾亦为角质褐色。

习　性 繁殖期4—7月。地栖性，主要在林下地上灌木丛、草丛间活动和觅食。善于在地面奔跑，除非迫不得已，一般很少起飞。主要以昆虫为食。

生　境 主要栖息于海拔1000~2500m的山地森林中，尤以林下灌木和草本植物发达的阴暗而潮湿的常绿阔叶林、溪流与沟谷林中较常见。

居留型 留鸟。

种群状况 分布于喜马拉雅山脉东部至中国南方、缅甸西部及北部、中南半岛北部。我国见于西南、华中、华南和华东地区。近年浙江省观测记录不断增多，认为其种群数量趋势稳定。保护区内记录于石坞口一带。

温超然　摄

温超然　摄

129 小鳞胸鹪鹛（鳞胸鹪鹛科 Pnoepygidae）
Elachura formosa

《中国生物多样性红色名录》近危（NT）
《IUCN红色名录》无危（LC）

特 征 小型鸟类，体长8~9cm。尾特别短小，外表像1只无尾小鸟。上体暗棕褐色且具黑褐色羽缘，翅上中覆羽和大覆羽具棕黄色点状次端斑，在翅上形成2列棕黄色斑点。下体白色、棕黄色且具暗褐色羽缘，在胸、腹形成明显的鳞状斑。虹膜暗褐色；上嘴黑褐色，下嘴稍淡，嘴基黄褐色；脚和趾褐色。

习 性 繁殖期4—7月。单独或成对活动。性胆怯，常躲藏在林下茂密的灌丛、竹丛、草丛中活动和觅食，一般不到林外开阔的草地活动，因而不易见到。但活动时频繁地发出一种清脆而响亮的特有叫声，根据叫声很容易找到它。常在茂密的灌木和竹林间地面上跳来跳去，受惊时则潜入密林深处，一般很少起飞，而且从不远飞。主要以昆虫和植物叶、芽为食。

生 境 主要栖息于海拔1200~3000m的中高山森林地带，冬季秦岭地区也见于海拔1000m以下的低山和山脚等低海拔地区，尤其喜欢森林茂密、林下植物发达、地势起伏不平、多岩石和倒木的阴暗潮湿森林。

居留型 留鸟。

种群状况 广泛分布于喜马拉雅山脉至中南半岛山区森林。国内常见于秦岭以南的大部分山区。保护区内记录于东关岗一带。

郎泽东 摄

温超然 摄

130 灰眶雀鹛（幽鹛科 Pellorneidae）
Alcippe morrisonia

《中国生物多样性红色名录》无危（LC）
《IUCN红色名录》无危（LC）

特　征 小型鸟类，体长13~15cm。头、颈褐灰色，头侧和颈侧深灰色，头顶两侧有不明显的暗色侧冠纹，灰白色眼圈在暗灰色的头侧甚为醒目。上体包括两翅和尾表面橄榄褐色。颏、喉浅灰色，胸以下白色。虹膜红棕色或栗色，嘴角质褐色或黑褐色，脚淡褐色或暗黄褐色。

习　性 繁殖期5—7月。除繁殖期成对活动外，常成5~7只至10余只的小群，有时亦见与其他小型鸟类混群。主要以昆虫为食，也吃果实、种子、叶、芽等植物性食物。

生　境 主要栖息于海拔2500m以下的山地和山脚平原地带的森林、灌丛中，在原始林、次生林、落叶阔叶林、常绿阔叶林、针阔叶混交林、针叶林以及林缘灌丛、竹丛、稀树草坡等各类森林中均有分布。

居留型 留鸟。

种群状况 国外分布于缅甸、老挝、越南、柬埔寨。国内分布于长江流域及其以南各地，往北达陕西南部和甘肃南部，往东至浙江和福建沿海，南达广东、香港、广西、台湾和海南，往西至四川、贵州、云南等省，种群数量趋势稳定。保护区内较为常见，各处均有记录。

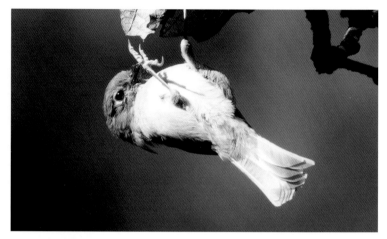

郎泽东　摄

郎泽东　摄

郎泽东　摄

131 栗耳凤鹛（绣眼鸟科 Zosteropidae）

Yuhina castaniceps

《中国生物多样性红色名录》无危（LC）
《IUCN红色名录》无危（LC）

特 征 小型鸟类，体长12~15cm。头顶和短的羽冠灰色且具白色羽干纹，耳羽、后颈和颈侧棕栗色，形成一宽的半领环，各羽均具白色羽干纹。上体橄榄灰褐色且具白色羽干纹，两翅和尾灰褐色，尾呈突状，外侧尾羽具灰白色端斑。下体淡灰色。虹膜红色或红褐色，嘴褐色，脚角黄色或黄褐色。

习 性 繁殖期4—7月。繁殖期成对活动；非繁殖期多成群，通常成10多只至20多只的小群，有时甚至集成上百只的大群；活动在小乔木上或高的灌木顶枝上。主要以甲虫、金龟子等昆虫为食，也吃植物果实与种子。

温超然 摄

生 境 主要栖息于海拔1500m以下的沟谷雨林、常绿阔叶林和混交林中。

居留型 留鸟。

种群状况 分布于印度东北部、中国南方及东南亚等地区。国内见于长江流域及其以南的四川南部、贵州北部、云南南部、重庆南部、湖北西部、湖南、浙江、福建、广东、广西、香港，国内种群数量趋势稳定。保护区内较为常见，多处有观测记录。

郎泽东 摄

郎泽东 摄

132 暗绿绣眼鸟（绣眼鸟科 Zosteropidae）

Zosteropus japonicus

《中国生物多样性红色名录》无危（LC）
《IUCN红色名录》无危（LC）

特 征 小型鸟类，体长9~11cm。上体绿色，眼周一白色眼圈极为醒目。下体白色，颏、喉、上胸和颈侧鲜柠檬黄色，下胸和两胁苍灰色，腹中央近白色，尾下覆羽淡柠檬黄色，腋羽和翅下覆羽白色，有时腋羽微沾淡黄色。虹膜红褐色或橙褐色；嘴黑色，下嘴基部稍淡；脚暗铅色或灰黑色。

习 性 繁殖期4—7月。常单独、成对或成小群活动，迁徙季节和冬季喜欢成群，有时集群多达50~60只。主要以昆虫为食，也吃松子、花瓣、草籽等植物性食物。

生 境 主要栖息于阔叶林、以阔叶树为主的针阔叶混交林、竹林、次生林等各种类型森林中，也栖息于果园、林缘、村寨和地边高大的树上。

郎泽东 摄

郎泽东 摄

居留型 留鸟。

种群状况 分布于日本、中国、缅甸及越南北部。国内分布于黄河流域及其以南，包括台湾，冬候鸟和留鸟见于华南，国内种群数量趋势稳定。保护区内较为常见，多处有观测记录。

133　淡绿鹀鹛（莺雀科 Vireondiae）

Pteruthius xanthochlorus

《中国生物多样性红色名录》近危（NT）
《IUCN红色名录》无危（LC）

特 征 小型鸟类，体长11~13cm。头顶灰色或蓝灰色，有的具白色眼圈，背橄榄绿色，或上背橄榄灰色，到下背至尾上覆羽才变为橄榄绿色。颏、喉和胸浅灰白色，腹灰黄色，两胁橄榄绿色。虹膜灰色、灰褐色或暗灰色；上嘴黑色，下嘴褐色，基部蓝灰色；跗跖肉色。

习 性 繁殖期5—7月。常单独或成对活动，有时亦与其他小鸟一起，多活动在密林中树冠层。性宁静，行为谨慎，行动迟缓，常不声不响地在树上部枝叶间搜觅食物，有时亦静静地躲藏在枝叶丛间观察昆虫动态，很少鸣叫。主要以象虫、甲虫、蝉等昆虫为食，也吃浆果种子等植物性食物。

生 境 主要栖息于海拔1500~3000m的山地针叶林和针阔叶混交林中，秋、冬季节也下到海拔1000m左右的中低山森林和林缘疏林灌丛地带。

居留型 留鸟。

种群状况 分布于巴基斯坦东北部至中国东南部、缅甸西部及北部。国内分布于西藏东南部、华中、西南、华南及华东，国内种群数量趋势稳定。保护区内仅几笔观测记录，为不常见留鸟。

温超然 摄

温超然 摄

134 短尾鸦雀（莺鹛科 Sylviidae）
Neosuthora davidiana

国家二级重点保护野生动物
《中国生物多样性红色名录》近危（NT）
《IUCN红色名录》无危（LC）

特　征 小型鸟类，体长约9cm。嘴短而粗厚，似鹦鹉嘴。尾明显较其他鸦雀短，头顶至后颈、头侧、颈侧均栗红色。背棕灰色，颏、喉黑色杂有白色细的条纹或斑点，下喉有一淡黄色横带，胸、腹灰黄色。虹膜褐色，嘴淡橙黄色或肉色，脚铅灰色或灰褐色。

习　性 除繁殖期间成对活动外，其他时候多成松散的群体活动。性活泼，行动敏捷，不停地在林下灌木枝叶间跳跃觅食，常边跳边叫，叫声单调，似"哦-哦-噎"声。常通过叫声保持个体间的联系。有时也飞到树顶鸣叫不已，特别是在受到干扰时。主要以昆虫为食，也吃植物果实和种子。

生　境 主要栖息于海拔2000m以下的低山和丘陵地带的林下灌丛、竹丛中，也栖息于林缘灌丛、疏林草坡、溪流岸边灌丛与高草丛中。

居留型 留鸟。

种群状况 国外分布于缅甸东部、中南半岛北部。国内主要见于云南东南部、湖南南部、福建、浙江和江西东北部，种群数量趋势基本稳定。但保护区内观测记录较少，为不常见的留鸟。

温超然　摄

周佳俊　摄

135 灰头鸦雀（莺鹛科 Sylviidae）
Psittiparus gularis

《中国生物多样性红色名录》无危（LC）
《IUCN红色名录》无危（LC）

特 征 小型鸟类，体长16~18cm。嘴短而粗厚，橙黄色，似鹦鹉嘴。头顶至枕灰色，前额黑色，有1条长而宽阔的黑色眉纹从黑色的额部伸出，沿眼上向后一直延伸到颈侧，眼圈白色，眼后耳羽和颈侧亦为灰色。上体、两翅和尾表面概为棕褐色，颊和下体白色，喉中部黑色。虹膜褐色，脚趾铅褐色或黑褐色。

习 性 繁殖期4—6月。除繁殖期间成对或单独活动外，其他季节多成3~5只至10多只的小群，有时亦见成20~30只的大群，在林下灌丛或竹丛中活动。性活泼，行动敏捷，频繁地在灌木枝间跳跃或飞来飞去，有时亦飞到树顶活动，偶尔下到地上草丛中觅食。主要以昆虫为食，也吃植物果实和种子。

温超然 摄

郎泽东 摄

生 境 主要栖息于海拔1800m以下的山地常绿阔叶林、次生林、竹林、林缘灌丛中。

居留型 留鸟。

种群状况 分布于喜马拉雅山脉东段及东南亚。中国广布于长江流域及其以南地区，但不见于台湾，国内种群数量趋势稳定。保护区内各处均有记录。

136 棕头鸦雀（莺鹛科 Sylviidae）
Sinosuthora webbiana

《中国生物多样性红色名录》无危（LC）
《IUCN红色名录》无危（LC）

特　征 小型鸟类，体长11~13cm。嘴粗短而厚，似鹦鹉嘴，黑褐色，先端沾黄色。头红棕色。上体橄榄褐色，飞羽外缘红棕色或褐色。颏、喉、胸葡萄粉红色且微具细的暗棕色纵纹，其余下体皮黄褐色。虹膜暗褐色，脚铅褐色。

习　性 繁殖期4—8月。常成对或成小群活动，秋、冬季节有时也集成20多或30多只乃至更大的群。性活泼而大胆，不甚畏人，常在灌木或小树枝叶间攀缘跳跃，或从一棵树飞向另一棵树，一般都短距离低空飞翔，不做长距离飞行。常边飞边叫或边跳边叫，鸣声低沉而急速，较为嘈杂，其声似"dz-dz-dzek"。主要以昆虫为食，也吃蜘蛛等其他小型无脊椎动物、植物果实与种子等。

生　境 主要栖息于海拔1500~2000m的中低山阔叶林和混交林林缘灌丛地带，也栖息于疏林草坡、竹丛、矮树丛和高草丛中。

居留型 留鸟。

种群状况 分布于中国、朝鲜及越南北部。国内见于东北、华北、华中、华东、华南以及西南部分地区，也见于台湾，国内种群数量趋势稳定。保护区内各处均有记录。

郎泽东　摄

郎泽东　摄

郎泽东　摄

温超然　摄

137 棕扇尾莺（扇尾莺科 Cisticolidae）
Cisticola juncidis

《中国生物多样性红色名录》无危（LC）
《IUCN红色名录》无危（LC）

特　征 小型鸟类，体长9~11cm。上体栗棕色且具粗的黑褐色羽干纹、棕白色眉纹，下背、腰和尾上覆羽黑褐色，羽干纹细弱而不明显，尤其是繁殖季节腰和尾上覆羽几为纯棕色而无黑褐色纵纹。尾为突状，中央尾羽最长，暗褐色且具棕色羽缘、黑色次端斑、灰色端斑，外侧尾羽暗褐色且具棕色羽缘、黑色次端斑、白色端斑。两翅暗褐色，羽缘栗棕色。下体白色，两胁沾棕黄色。虹膜红褐色；上嘴红褐色，下嘴粉红色；脚肉色或肉红色。

习　性 繁殖期4—7月。繁殖期间单独或成对活动，领域意识强，冬季多成3~5只或10余只的松散群。性活泼，整天不停地活动和觅食。多在草丛中、灌木中、杂草枝叶和植物茎上，有时也于灌木上或电线上休息。繁殖期间雄鸟常在领域内做特有的"飞行表演"，起飞时冲天直上，在高空翱翔和做圈状飞行，然后两翅收拢，急速直下，当接近地面时又转为水平飞行，或钻入草丛中，或栖息于突出的草茎上，当冲入高空时同时发出尖锐而连续的"ji-ji-ji-"声，收翅下降时则发出"dza-dza-"声。飞行时尾常呈扇形散开，并上下摆动。主要以昆虫为食。

生　境 主要栖息于海拔1000m以下的山脚、丘陵、平原低地灌丛与草丛中，也出入农田、草地、灌丛、沼泽、低矮的芦苇塘、地边草丛中。

居留型 留鸟。

种群状况 分布于非洲、南欧、印度、中国、日本、东南亚、澳大利亚北部。国内分布于西南、华中、华东、华南，近些年已经向北扩展到华北地区，国内种群数量趋势稳定。但保护区内观测记录较少，属区内罕见鸟种。

徐科 摄

温超然 摄

138 纯色山鹪莺（扇尾莺科 Cisticolidae）

Prinia inornata

《中国生物多样性红色名录》无危（LC）
《IUCN红色名录》无危（LC）

特 征 小型鸟类，体长11~14cm。夏羽上体灰褐色，头顶较深，额沾棕色，具一短的棕白色眉纹，飞羽褐色，羽缘红棕色。尾长呈突状，外侧尾羽依次向中央尾羽明显缩短，灰褐色，且具不明显的黑色亚端斑和白色端斑。下体淡皮黄白色。冬羽尾较长，上体红棕褐色，下体淡棕色。虹膜淡褐色、橙黄色或黄褐色；上嘴褐色或黑褐色，下嘴角黄色或黄白色；脚肉色或肉红色。

习 性 繁殖期5—7月。常单独或成对活动，偶尔亦成小群，多在灌木下部和草丛中活跃觅食。性活泼，行动敏捷。一般除受惊后急速从草丛中飞起外，其他时候很少飞翔，特别是很少做长距离飞行，通常起飞后飞不多远又落入附近草丛中，飞行呈波浪式。叫声单调、清脆，其声似"ze-ze-"，繁殖期间雄鸟亦常站在高的灌木枝头鸣唱。主要以昆虫为食，也吃少量蜘蛛等其他小型无脊椎动物和杂草种子等植物性食物。

生 境 主要栖息于海拔1500m以下的低山丘陵、山脚和平原地带的农田、果园和村庄附近的草地与灌丛中，也栖息于溪流沿岸和沼泽边的灌丛、植物及水草丛中。

居留型 留鸟。

种群状况 国外分布于南亚及东南亚。国内见于包括台湾的长江流域及其以南地区，国内种群数量趋势稳定。保护区内常见。

温超然 摄

温超然 摄

139 远东树莺（树莺科 Cettiidae）

Horornis canturians

《中国生物多样性红色名录》无危（LC）
《IUCN红色名录》无危（LC）

特　征▶ 小型鸟类，体长16~18cm。上体、两翼及尾羽棕褐色，尾较长，尾羽端部较平，具清晰的白色眉纹。下体以白色为主，两胁及尾下覆羽呈皮黄色或褐色。虹膜深褐色；上嘴褐色，下嘴肉褐色；脚粉灰色。

习　性▶ 繁殖期5—7月。常单独或成对活动。性胆怯，善于匿藏，多在灌丛或草丛下部低枝间、地面活动和觅食，一般不易见到。繁殖期间喜欢站在高的灌木和幼树顶枝鸣叫，多躲藏在茂密的枝叶间，常常仅听其声，不见其影。主要以昆虫为食。

生　境▶ 主要栖息于海拔1100m以下的低山丘陵和山脚平原地带的林缘疏林、道旁次生林和、灌丛中，尤其喜欢活动在林缘道旁次生杨桦幼林和灌丛，也出现于地边和宅旁的小块丛林、灌丛、高草丛中，不进入茂密的大森林。

居留型▶ 旅鸟。

种群状况▶ 国外分布于东北亚及东南亚。国内广布于东部、中部及南部地区，为常见候鸟。保护区内偶有记录。

陈光辉　摄

戴美杰　摄

140 鳞头树莺（树莺科 Cettiidae）
Urosphena squameiceps

《中国生物多样性红色名录》无危（LC）
《IUCN红色名录》无危（LC）

特 征 小型鸟类，体长8~10cm。尾短，整个上体棕褐色，头顶羽毛短圆且呈鳞状，长的皮黄白色眉纹从额基一直到后颈，极为醒目，贯眼纹黑色。下体白色，两肋褐色。虹膜黑褐色；上嘴褐色，下嘴肉色或黄褐色；脚粉红白色或黄白色。

习 性 繁殖期5—7月。常单独或成对活动，通常活动在林下灌木丛、草丛、地面和倒木下，也常在腐木堆、树根、枯枝堆间活动和觅食，有时也见在沟岸岩石间进进出出、跳来跳去，很少进到高大的树冠层。行动敏捷，轻快而灵活，尾常常乖直向上翘起。繁殖期间几乎整天鸣唱不息，鸣声尖细、清脆，其声类似蝉和蟋蟀的鸣叫。主要以昆虫为食。

陈光辉 摄

温超然 摄

生 境 主要栖息于海拔1500m以下的低山、山脚混交林及其林缘地带，尤以林中河谷溪流沿岸以及僻静的密林深处较常见，偶尔也出现于落叶阔叶林和针叶林。

居留型 旅鸟。

种群状况 分布于东北亚及东南亚。中国繁殖于东北、华北，迁徙时节途经华中、华东至华南，包括台湾越冬，国内种群数量趋势稳定。保护区内曾记录于石坞口一带。

141 强脚树莺（树莺科 Cettiidae）
Horornis fortipes

《中国生物多样性红色名录》无危（LC）
《IUCN红色名录》无危（LC）

特 征 小型鸟类，体长10~12cm。上体橄榄褐色或棕褐色，往后色较淡；眉纹淡皮黄色或淡棕白色，细长而不明显，从鼻孔向后延伸至枕；贯眼纹黑褐色；颊和耳羽褐色；眼周淡黄色。颏、喉、胸、腹等下体白色，秋季和冬季常沾灰色或皮黄色；胸侧和两胁褐色或褐灰色；两胁和尾下覆羽有时为皮黄褐色；翼缘、翅下覆羽和腋羽白色，有时微沾黄色。虹膜褐色或淡褐色；嘴褐色，上嘴有的黑褐色，下嘴基部黄色或暗肉色；脚肉色或淡棕色。

习 性 繁殖期4—7月。常单独或成对活动，性胆怯而善于藏匿，总是偷偷摸摸地躲藏在林下灌丛、草丛中活动和觅食，一般难以见到。不善飞翔，常敏捷地在灌木枝叶间跳跃穿梭或在地面奔跑，迫不得已时也起飞，但通常飞不多远又落下。活动时常发出"嗞-嗞"的叫声，繁殖期间雄鸟常站在灌木枝间长时间地鸣唱，尤其在清晨鸣声较为频繁，鸣声为一种连续的哨音，清脆而响亮。主要以昆虫为食，也吃少量植物果实、种子。

生 境 主要栖息于海拔2000m以下的中低山常绿阔叶林、次生林、林缘疏林灌丛、竹丛与高草丛中，冬季也出入山脚和平原地带的果园、茶园、农田、房舍附近的小块竹林或灌丛内。

居留型 留鸟。

种群状况 分布于喜马拉雅山脉至中国南方、东南亚。国内见于西南、华中、华南、华东、台湾，国内种群数量趋势稳定。保护区内较为常见，各处均有观测记录。

郎泽东 摄

郎泽东 摄

142 棕脸鹟莺（树莺科 Cettiidae）

Abroscopus albogularis

《中国生物多样性红色名录》无危（LC）
《IUCN红色名录》无危（LC）

特　征▶ 小型鸟类，体长9~10cm。额、头侧、颈侧淡茶黄栗色，头顶至枕淡赭橄榄色，头顶两侧各有1条黑色纵纹向后延伸至枕侧。上体橄榄绿色，腰淡黄白色。喉呈黑白斑驳状，胸、两胁和尾下覆羽黄色，其余下体白色。虹膜栗褐色；上嘴褐色或淡褐色，下嘴黄色；脚绿灰色。

习　性▶ 繁殖期4—6月。繁殖期多单独或成对活动，其他季节亦成群，有时也与其他小鸟混群。鸣声单调清脆，其声似"铃-铃-铃"。主要以昆虫为食。

生　境▶ 主要栖息于海拔2500m以下的阔叶林和竹林中，常在树林和竹林上层，也在林下灌丛、林缘疏林中活动和觅食。

居留型▶ 留鸟。

种群状况▶ 分布于尼泊尔、印度、缅甸、中国、泰国、越南、老挝。国内分布于包括台湾、海南在内的秦岭以南各地，种群数量趋势稳定。保护区内属常见鸟，记录较多。

郎泽东　摄

温超然　摄

温超然　摄

徐科　摄

143 褐柳莺（柳莺科 Phylloscopidae）
Phylloscopus fuscatus

《中国生物多样性红色名录》无危（LC）
《IUCN红色名录》无危（LC）

特 征 小型鸟类，体长11~12cm。上体橄榄褐色，眉纹棕白色，贯眼纹暗褐色。颏、喉白色；其余下体皮黄色、白色沾褐，尤以两胁和胸较明显。幼鸟与成鸟相似，但上体较暗，眉纹淡灰白色，下体淡棕黄色。虹膜暗褐色或黑褐色；上嘴黑褐色，下嘴橙黄色、尖端暗褐色；脚淡褐色。

陈光辉 摄

习 性 繁殖期5—7月。常单独或成对活动，多在林下、林缘、溪边灌丛与草丛中活动。喜欢在树枝间来回或上下跳，不断发出近似"嘎吧-嘎吧"或"答-答-答"的叫声。繁殖期间常站在灌木枝头从早到晚不停地鸣唱，似"欺-欺-欺-欺"不断重复的连续叫声。有时站在枝头鸣叫，有时振翅在空中翱翔，有时又从一个枝头飞向另一个枝头，遇有干扰，则立刻落入灌丛中。主要以昆虫为食。

生 境 栖息于从山脚平原到海拔4500m的山地森林、林线以上的高山灌丛地带，尤其喜欢稀疏而开阔的阔叶林、针阔叶混交林、针叶林林缘，以及溪流沿岸的疏林与灌丛，不喜欢茂密的大森林。

居留型 旅鸟。

种群状况 繁殖于东北亚，冬季迁徙至南亚北部、东南亚。国内主要繁殖于东北地区，在华中及华南地区越冬，国内种群数量趋势稳定。保护区内迁徙季节偶有记录。

温超然 摄

144 黄腰柳莺（柳莺科 Phylloscopidae）
Phylloscopus proregulus

《中国生物多样性红色名录》无危（LC）
《IUCN红色名录》无危（LC）

特 征 小型鸟类，体长8~11cm。上体橄榄绿色，头顶中央有一淡黄绿色纵纹，眉纹黄绿色。腰黄色，两翅和尾黑褐色，外翈羽缘黄绿色，翅上有2道黄白色翼斑。下体白色。虹膜暗褐色；嘴黑褐色，下嘴基部暗黄色；脚淡褐色。

习 性 繁殖期6—8月。繁殖期间单独或成对活动在高大的树冠层。性活泼，行动敏捷，常在树顶枝叶间跳来跳去，或站在高大的针叶树顶枝间鸣叫，鸣声清脆、洪亮，有点像蝉鸣，数十米外即能听到。常常在林中只闻其声，难见其影。主要以昆虫和虫卵为食，也吃蜘蛛等其他小型无脊椎动物。

生 境 主要栖息于针叶林和针阔叶混交林，从山脚平原一直到山上部林缘疏林地带，有时也栖息于阔叶林。

居留型 冬候鸟。

种群状况 繁殖于亚洲北部，越冬在印度、中国南方及中南半岛北部。在我国华东、华中、华南及西南地区大部分省份为冬季常见候鸟，国内种群数量趋势稳定。冬季保护区内多地有观测记录。

温超然　摄

温超然　摄

145 黄眉柳莺（柳莺科 Phylloscopidae）

Phylloscopus inornatus

《中国生物多样性红色名录》无危（LC）
《IUCN红色名录》无危（LC）

特　征　小型鸟类，体长
9~11cm。上体橄榄绿色，眉纹
淡黄绿色，翅上有2道明显的黄
白色翅斑。下体白色，胸、两胁
和尾下覆羽黄绿色。虹膜暗褐
色；嘴褐色，下嘴基部黄色；脚
褐色或淡棕褐色。

习　性　繁殖期5—8月。
繁殖期间多单独或成对活动在树
顶部冠层，或隐蔽在茂密的枝叶
间鸣叫，鸣声尖细、清脆，迁徙
期间常成群活动。主要以昆虫
为食。

生　境　主要栖息于山地和
平原地带的森林中，尤以针叶林
和针阔叶混交林中较常见，也栖
息于杨桦林、柳树丛和林缘灌丛
地带。

居留型　冬候鸟。

种群状况　繁殖于俄罗斯、
中国北部、蒙古北部及朝鲜半
岛，越冬于中南半岛。国内繁殖
于东北地区，在新疆极北部可能
也有繁殖，迁徙时经中国大部分
地区，在华东、华南、西南诸地
越冬，国内种群数量趋势稳定。
保护区内偶有记录。

周佳俊　摄

温超然　摄

146 极北柳莺（柳莺科 Phylloscopidae）
Phylloscopus borealis

《中国生物多样性红色名录》无危（LC）
《IUCN红色名录》无危（LC）

特 征 小型鸟类，体长11~13cm。上体橄榄灰绿色；眉纹黄白色，长而显著；贯眼纹暗褐色；两翅和尾暗褐色，翅上仅具1道窄的黄白色翅斑。下体白色，微沾绿黄色。虹膜暗褐色；上嘴深褐色，下嘴黄褐色；脚肉色。

习 性 繁殖期6—7月。繁殖期间常单独或成对活动，迁徙季则多成群，有时也与其他莺类混群。性活泼，行动敏捷，常在树木枝叶间跳跃或飞来飞去，也在灌丛中活动和觅食。不时发出"dir-dir-"或"tzet-tzet"的叫声。繁殖期间常站在树冠层枝顶上鸣叫，鸣叫声为不断重复的一种单调声。主要以昆虫为食。

生 境 主要栖息于较为潮湿的针叶林、针阔叶混交林及其林缘灌丛地带，尤其在河谷或离水域不远的针阔叶混交林和针叶林较常见，迁徙期间也见于林缘次生林、人工林果园、庭院、道旁和宅旁小林内。

居留型 旅鸟。

种群状况 繁殖于欧亚大陆北部及阿拉斯加西部，迁徙时见于大部分欧亚大陆，在中南半岛及菲律宾越冬。国内除青藏高原外广泛分布，种群数量趋势稳定。保护区内偶有记录。

温超然 摄

温超然 摄

147 华南冠纹柳莺（柳莺科 Phylloscopidae）
Phylloscopus goodsoni

《中国生物多样性红色名录》
无危（LC）
《IUCN红色名录》无危（LC）

特 征 小型鸟类，体长10~12cm。上体绿色。下体黄色，具2道黄色翅斑和明显顶冠纹，但无浅色腰。虹膜褐色；上喙色深，下喙粉红色；脚黄色。

习 性 繁殖期5—7月。常单独或成对活动，冬季有时亦见3~5只成群或与其他柳莺混群在一起觅食。多活动在树冠层，也在林下灌丛和草丛中，尤以河谷、溪边、林缘疏林灌丛及小树丛中较常见。性活泼，几乎整天都在活动和觅食。主要以昆虫为食。

生 境 主要栖息在海拔3500m以下的山地常绿阔叶林、针阔叶混交林、针叶林和林缘灌丛地带，秋、冬季节则多下到低山和山脚平原地带。

居留型 留鸟。

种群状况 中国鸟类特有种，分布于华中、华南、华东山地，国内种群数量趋势稳定。保护区内东关岗一带偶有记录。

温超然 摄

郎泽东 摄

148 栗头鹟莺（柳莺科 Phylloscopidae）
Seicercus castaniceps

《中国生物多样性红色名录》无危（LC）
《IUCN红色名录》未评估（NE）

特　征▶ 小型鸟类，体长9~10cm。头顶栗色；头顶两侧各有一黑栗色侧冠纹；眼周白色，形成一白色眼圈；头侧灰色；后颈有1道窄的黑白色细纹。背、肩黄绿色，腰鲜黄色，两翅和尾暗褐色，翅上具2道淡黄色翅斑。下体胸以前白色，胸以后为黄色。虹膜褐色或暗褐色；上嘴褐色，下嘴黄色或淡黄色；脚角质褐色、黄褐色或绿黄色。

习　性▶ 繁殖期5—7月。繁殖期间常单独或成对活动，非繁殖期间多成3~5只的小群活动和觅食，有时亦与柳莺、雀鹛等混群。多活动在林下灌木丛和竹丛中，有时也见在林缘和山边灌丛。繁殖期间鸣声响亮、清脆，其声似"欺-欺-欺-欺欺"不断重复的单调声音。主要以昆虫为食，也吃少量杂草种子等植物性食物。

生　境▶ 主要栖息于海拔2000m以下的低山和山脚地带阔叶林、林缘疏林灌丛中。

居留型▶ 夏候鸟。

种群状况▶ 国外分布于环喜马拉雅山区、中南半岛和苏门答腊。国内主要分布于秦岭及其以南地区，种群数量趋势稳定。保护区内记录于东关岗一带，较为常见。

温超然　摄

温超然　摄

温超然　摄

149 银喉长尾山雀（长尾山雀科 Aegithalidae）
Aegithalos glaucogularis

《中国生物多样性红色名录》
无危（LC）
《IUCN红色名录》无危（LC）
中国鸟类特有种

特 征 小型鸟类，体长12~14cm。嘴短且粗；头顶、枕侧辉黑色，头顶中央贯以黄灰色纵纹；额、头侧、颈侧及颏、喉为淡葡萄棕色，喉部中央有银灰色块斑；背、两翼及尾上覆羽石板灰色。胸淡棕色，两胁及尾下覆羽沾葡萄红色。尾长，黑色，带楔状白斑。虹膜褐色，嘴黑色，脚棕黑色。

习 性 繁殖期4—6月。成对或结成小群，也与红头长尾山雀、大山雀等混群活动。行动敏捷，性较活泼，常穿梭于林间寻觅食物，不甚畏人，受惊吓时亦不远飞。主要以昆虫为食，也吃蜘蛛、蜗牛等小型无脊椎动物以及少量植物性食物。

生 境 栖息于山地混交林及针叶林中，冬季也能在丘陵、平原地区见到。

居留型 留鸟。

种群状况 中国鸟类特有种，分布于华北、甘肃、青海、四川、云南、华中、华东，国内种群数量趋势稳定。保护区外围地区记录较多，保护区内偶有记录。

徐科 摄

温超然 摄

150 红头长尾山雀（长尾山雀科 Aegithalidae）
Aegithalos concinnus

《中国生物多样性红色名录》
无危（LC）
《IUCN红色名录》无危（LC）

特　征 小型鸟类，体长9~11cm。额至后颈呈栗红色，眼先、耳羽和颈侧黑色，其余上体暗灰蓝色。尾羽黑褐色，外侧尾羽具楔状白斑。颏、喉白色，喉部中央具黑斑，胸、腹白色，胸部有一栗红色胸带，两胁和尾下覆羽亦栗红色。虹膜橘黄色，嘴黑色，脚红褐色。

习　性 繁殖期2—6月。常10余只或多至上百只结大群活动，亦与其他山雀混群活动。性活泼，于树木枝叶间不停跳跃或来回飞翔觅食。主要以昆虫为食。

生　境 我国南方常见鸟类，主要栖息于山地森林和灌木林间，也见于果园、茶园等附近的小树林中。

居留型 留鸟。

种群状况 国外分布于喜马拉雅山脉、缅甸、老挝、越南等地。国内分布于西南、华中、华南、华东及台湾，种群数量大且趋势稳定。保护区内各地均有观测记录。

郎泽东　摄

郎泽东　摄

郎泽东　摄

151 黄腹山雀（山雀科 Paridae）
Pardaliparus venustulus

《中国生物多样性红色名录》无危（LC）
《IUCN红色名录》无危（LC）
中国鸟类特有种

特　征 小型鸟类，体长9~11cm。雄鸟头和上背黑色，脸颊和后颈各具一白色块斑，在暗色的头部极为醒目。下背、腰亮蓝灰色，翅上腹羽黑褐色，中覆羽和大覆羽具黄白色端斑，在翅上形成2道翅斑，飞羽暗褐色，羽缘灰绿色；尾黑色，外侧1对尾羽大部白色；颏至上胸黑色，下胸至尾下覆羽黄色。雌鸟上体灰绿色，颏、喉、颊和耳羽灰白色，其余下体淡黄绿色。虹膜褐色，嘴蓝黑色，脚铅灰色或灰黑色。

郎泽东 摄

习　性 繁殖期4—6月。常10~30只结群活跃于高大阔叶树、针叶树或灌木丛中，亦与其他山雀混群活动，多数时间在树枝间跳跃穿梭，偶见飞向地面取食，随即又飞回树上。主要以昆虫为食，也吃植物果实和种子等。

生　境 栖息于海拔2000m以下的山地各种林木中，冬季也到平原、林缘等处活动。

郎泽东 摄

居留型 留鸟。

种群状况 中国鸟类特有种，分布于华北、华中、华东的大部分地区，国内种群数量趋势稳定。保护区内偶有记录。

152 大山雀（山雀科 Paridae）
Parus cinereus

《中国生物多样性红色名录》无危（LC）
《IUCN红色名录》未评估（NE）

特 征 小型鸟类，体长12~14cm。雄鸟头、颈、喉、前胸呈辉蓝黑色；耳羽、颊和颈侧白色，呈一显著的近三角形白斑；上背黄绿色，与后颈间隔一细窄白色横带，下背至尾上覆羽蓝灰色；飞羽及覆羽黑褐色，翼上有一显著白色横斑；腹部白色，前胸至尾下覆羽贯以一黑色宽纵纹，尾下覆羽具三角形黑斑。雌鸟羽色与雄鸟相似，腹部黑纵纹较窄，尾下覆羽三角形黑斑不明显。虹膜褐色，嘴黑色，脚暗褐色。

习 性 繁殖期4—8月。单独或集小群活动。性较活泼而大胆，不甚畏人。行动敏捷，常在树木间、灌丛中穿梭跳跃觅食，边飞边叫，飞行略呈波浪形，叫声较尖锐。主要以昆虫为食。

生 境 栖息于山区、平原、果园、道路、庭园等地的乔木林以及灌木林中。

居留型 留鸟。

种群状况 分布于东亚、

郎泽东 摄

郎泽东 摄

东南亚等地。国内分布于东北、华北、华中、华东、华南、西南。大山雀是山林、果园、绿地里极为常见的一种鸟类，国内种群数量大且稳定。保护区内最常见留鸟之一，数量多，分布广。

153 普通䴓（䴓科 Sittidae）
Sitta europaea

浙江省重点保护野生动物
《中国生物多样性红色名录》无危（LC）
《IUCN红色名录》无危（LC）

特 征 小型鸟类，体长11~15cm。上体灰蓝色，有一长而显著的黑色贯眼纹从嘴基经眼一直延伸到肩部。颏、上喉和尾下覆羽白色，尾下覆羽具栗色羽缘，其余下体淡棕色至肉桂棕色。特征明显，野外不难识别。虹膜褐色，嘴暗褐色沾蓝色，脚肉褐色。

习 性 繁殖期4—6月。单独或混群活动。性活泼，行动敏捷灵活，善于贴着树干向上或向下做螺旋式攀爬，边爬边敲啄树木觅食昆虫。性情温顺，不畏人，如遇惊扰，旋行至树背隐匿。主要以昆虫为食。

生 境 常栖息于山区林间及山脚林缘，偶见于城区公园的大树上。

居留型 留鸟。

种群状况 广布于古北界的温带和亚热带。国内见于新疆北部、东北、华北、华东、华中及华南，包括台湾。国内种群数量相对稳定，早年在浙江省的中高海拔地区可见，近年来难觅踪迹，已成为浙江省的历史记录鸟种。保护区内记录亦为历史记录。

徐卫南 摄

钱斌 摄

154 山麻雀（雀科 Passeridae）
Passer cinnamomeus

《中国生物多样性红色名录》无危（LC）
《IUCN红色名录》无危（LC）

特　征 小型鸟类，体长13~15cm。雄鸟上体栗红色，背中央具黑色纵纹，头侧白色或淡灰白色；颏、喉黑色，其余下体灰白色或灰白色沾黄。雌鸟上体褐色且具宽阔的皮黄色眉纹，颏、喉无黑色。虹膜红栗褐色，嘴黑色或暗褐色，脚黄褐色。

习　性 繁殖期4—8月。喜结群，常3~5只小群活动。性活泼，飞行能力较其他麻雀强，活动范围较广，营巢于树冠中或树洞中，不与麻雀混居。主要以植物性食物和昆虫为食。

生　境 栖息于海拔300~1000m的山区林缘、溪边农田和灌丛中，冬季随气候变化移至山脚下的平原耕地及村落附近活动。

居留型 留鸟。

种群状况 分布于喜马拉雅山脉、东亚及东南亚。国内见于黄河流域周边及其以南大部分地区、台湾，近年来在华北地区有夏候鸟记录，国内种群数量大且稳定。保护区内记录较多，是保护区最常见的留鸟之一。

郎泽东　摄

温超然　摄

155 麻雀（雀科 Passeridae）
Passer montanus

《中国生物多样性红色名录》无危（LC）
《IUCN红色名录》无危（LC）

特 征 小型鸟类，体长13~15cm。额至后颈暗栗褐色；背至尾上覆羽棕褐色，上背杂以显著的黑色纵纹；尾呈小叉状，暗褐色；翼上覆羽褐色，黄白色羽端形成2道显著横纹；飞羽亦棕褐色；颏、喉至上胸中央黑色，颊、耳羽及颈侧污白色，耳羽后有一显著的黑色块斑；下体其余部分大都白色微沾沙褐色。虹膜暗红褐色，嘴黑色，脚淡肉褐色或黄褐色。

习 性 繁殖期4—8月。多结群活动于人类居住环境附近，多在农田、房舍、林缘、灌丛中活动和觅食。筑巢场所多样，巢形简陋。食性较杂，主要以种子、果实等植物性食物为食，繁殖期间也吃大量昆虫，特别是雏鸟，几乎全部以昆虫为食。

生 境 活动范围广泛，自平原至海拔1000m左右的山区均有分布。

居留型 留鸟。

种群状况 分布于欧洲、中东、中亚、东亚、东南亚及喜马拉雅山脉。麻雀是人们最熟悉的鸟类之一，在我国广泛分布于各省份，种群数量大且稳定。保护区亦是最常见的留鸟之一，数量大，分布广。

郎泽东 摄

郎泽东 摄

温超然 摄

156 白腰文鸟（梅花雀科 Estrildidae）
Lonchura striata

《中国生物多样性红色名录》无危（LC）
《IUCN红色名录》无危（LC）

特 征 小型鸟类，体长10~12cm。上体红褐色或暗沙褐色且具白色羽干纹，腰白色，尾上覆羽栗褐色；额、嘴基、眼先、颏、喉黑褐色；颈侧及上胸栗色且具浅黄色羽干纹、羽缘，下胸和腹部近白色，各羽具U形纹。虹膜淡红褐色；上嘴黑褐色，下嘴蓝灰色；脚铅褐色。

习 性 繁殖期始于2月，时间较长，最晚能到11月。性好结群，常数只或数十只活动于村落附近的稻田、庭院树丛中，或在矮树丛、灌丛、小竹林间活动，秋、冬季结群更甚，形影不离，故有"十姐妹"之称。飞行呈波形，边飞边鸣，鸣声单调，性温顺，不畏人。主要以种子、果实、叶、芽等植物性食物为食，也吃少量昆虫等动物性食物。

郎泽东 摄

郎泽东 摄

生 境 栖息于海拔1500m以下的低山、丘陵和山脚平原地带，尤以溪流、苇塘、农田和村落附近常见。

居留型 留鸟。

种群状况 分布于印度、中国南方、东南亚。国内见于南方大部分地区，包括台湾，国内种群数量大且稳定。保护区内偶有记录。

157 斑文鸟（梅花雀科 Estrildidae）
Lonchura punctulata

《中国生物多样性红色名录》无危（LC）
《IUCN红色名录》无危（LC）

特 征 小型鸟类，体长10~12cm。上体褐色；下背和尾上覆羽羽缘白色，形成白色鳞状斑；尾橄榄色。颏、喉暗栗褐色，其余下体白色且具明显的暗红褐色鳞状斑。虹膜暗褐色，嘴蓝黑色或黑褐色，脚铅褐色。

习 性 繁殖期3—8月。除繁殖期成对活动外，多结群活动、觅食，群结合较紧密，休息时亦一起，若有惊扰，全群起飞。飞行迅速，鸣声与白腰文鸟相似。主要以谷粒等农作物为食，也吃草籽和其他野生植物的果实、种子，繁殖期间也吃部分昆虫。

生 境 栖息于海拔1500m以下的平原、山脚、山谷、村落附近的灌草丛和竹丛、稻田间。

居留型 留鸟。

种群状况 分布于印度、中国南方、东南亚，引种至澳大利亚及其他地区。国内主要见于长江流域及其以南大部分地区，包括海南、台湾，国内种群数量大且稳定。保护区周边地区记录较多，保护区内偶见。

郎泽东 摄

郎泽东 摄

158 燕雀（燕雀科 Fringillidae）
Fringilla montifringilla

《中国生物多样性红色名录》无危（LC）
《IUCN红色名录》无危（LC）

特 征 小型鸟类，体长14~17cm。雄鸟从头至背辉黑色，背具黄褐色羽缘；嘴粗壮而尖，呈圆锥状；腰白色，颏、喉、胸橙黄色，腹至尾下覆羽白色，两胁淡棕色且具黑色斑点；两翅和尾黑色，翅上有白斑。雌鸟与雄鸟大致相似，但体色较浅淡，上体褐色且具黑斑，头顶和枕具窄的黑色羽缘，头侧和颈侧灰色，腰白色。虹膜褐色；嘴基角黄色，嘴尖黑色；脚黄褐色。

郎泽东 摄

习 性 繁殖期5—7月。营巢于各种树木分枝处。除繁殖期成对活动外，其他季节多成群，尤其是迁徙季可集成大群。主要以果实、种子等植物性食物为食，最喜吃杂草种子，也吃小米、稻谷、高粱、玉米、向日葵等农作物种子，繁殖期间则主要以昆虫为食。

郎泽东 摄

生 境 栖息于丘陵或平原的各类森林中。

居留型 冬候鸟。

种群状况 分布于古北界北部。国内主要分布于东半部和西北部的天山、青海西部，越冬于南方，国内种群数量大且稳定。保护区内冬季常见鸟，观测记录较多。

159 黄雀（燕雀科 Fringillidae）
Spinus spinus

《中国生物多样性红色名录》无危（LC）
《IUCN红色名录》无危（LC）

特 征 小型鸟类，体长11~12cm。雄鸟额至头顶和颏黑色，上体黄绿色，腰黄色，两翅和尾黑褐色，尾基两侧和翅斑鲜黄色，胸黄色，腹白色。雌鸟上体灰绿色且具暗色纵纹，头顶色较雄鸟浅，腰橄榄黄色且具暗色纵纹，下体黄白色且具暗色纵纹。虹膜暗褐色，嘴褐色或铅灰褐色，脚暗褐色。

习 性 繁殖期5—7月。除繁殖期成对活动外，其他季节结群活动。性活泼，飞行快速，呈直线飞行，边飞边鸣，鸣声清脆、响亮。主要以植物性食物为食，也吃昆虫等动物性食物，食物构成随季节和地区的不同而不同。

生 境 栖息于山区针叶林、丘陵平原、水域边的林缘地带，秋、冬季也出入农田、村落附近的树丛中。

居留型 冬候鸟。

种群状况 分布于欧洲至中东及中亚。中国繁殖于东北的大、小兴安岭，秋、冬季节沿东部海岸线南迁至江苏及以南地区，国内种群数量趋势稳定。保护区内冬季偶有记录。

郎泽东 摄

郎泽东 摄

160 金翅雀（燕雀科 Fringillidae）
Chloris sinica

《中国生物多样性红色名录》无危（LC）
《IUCN红色名录》无危（LC）

特 征 小型鸟类，体长12~14cm。嘴细直而尖，基部粗厚，头顶暗灰色。背栗褐色且具暗色羽干纹，腰金黄色，尾下覆羽和尾基金黄色，翅上、翅下都有1块大的金黄色块斑，无论站立还是飞翔时都醒目，野外容易识别。虹膜栗褐色，嘴肉黄色，脚灰红色。

习 性 繁殖期3—8月。常集群活动于林缘疏林和灌丛，不进入密林深处，多在树冠层跳跃飞行，也下到地面和田间觅食。飞翔迅速，鸣声单调清晰而尖锐。主要以植物果实、种子、草籽和谷粒等农作物为食。

生 境 栖息于中、低山和丘陵平原等处的疏林中，尤其喜欢林缘疏林和有零星大树的山脚平原。

居留型 留鸟。

种群状况 分布于西伯利亚东南部、蒙古、日本至越南。中国常见于内蒙古至整个东北三省、华北、华东及华南大部，西至青海东部、四川、云南东部及广西，迷鸟至台湾，国内种群数量大且稳定。保护区内偶有记录。

郎泽东 摄

郎泽东 摄

161 锡嘴雀（燕雀科 Fringillidae）

Coccothraustes coccothraustes

《中国生物多样性红色名录》无危（LC）
《IUCN红色名录》无危（LC）

特 征 中型鸟类，体长16~20cm。雄鸟嘴粗大、铅蓝色，头皮黄色，喉部有一黑色块斑。背棕褐色，后颈有一灰色翎环，两翅和尾黑色，尾上覆羽棕黄色，尾具白色端斑，翅上有大的白色翅斑。下体灰红色或葡萄红色。雌鸟头顶褐灰色，其余体羽较雄鸟暗淡。虹膜浅黄色，嘴淡黄褐色，脚肉色。

习 性 繁殖期5—7月。多单独或成对活动，非繁殖期喜结群。常在林间跳跃，也到地面觅食，性大胆，不甚畏人，但繁殖期间甚喜隐蔽、机警。主要以植物果实、种子为食，也吃昆虫。

生 境 栖息于低山、丘陵、平原的乔木林中，秋、冬季也到林缘、果园、农田附近的树林及灌丛中。

居留型 冬候鸟。

种群状况 分布于欧亚大陆的温带区。中国繁殖于东北，偶见于长江以南省份越冬，暖冬年份可至华北，有迷鸟至台湾，国内种群数量趋势稳定。保护区内冬季偶见。

戴美杰 摄

陈光辉 摄

162 黑尾蜡嘴雀（燕雀科 Fringillidae）
Eophona migratoria

《中国生物多样性红色名录》无危（LC）
《IUCN红色名录》无危（LC）

特　征　中型鸟类，体长16~19cm。雄鸟头部、两翅和尾均亮黑色，背、肩灰褐色，腰和尾上覆羽浅灰色，飞羽具白色端斑；颏和上喉黑色，其余下体灰褐色或沾黄色，腹和尾下覆羽白色。雌鸟头灰褐色，背灰黄褐色，腰和尾上覆羽近银灰色，尾羽灰褐，尾端黑褐色；头侧、喉银灰色，其余下体淡灰褐色，腹和两胁沾橙黄色。虹膜黄褐色；嘴橙黄色，尖端黑褐色；脚肉色。

习　性　繁殖期5—7月。喜结群，常三五成群，迁徙季成大群。树栖性，频繁地在枝叶间来回跳跃、飞翔。性活泼大胆，不甚畏人，飞行迅速有力。平时少鸣叫，繁殖期鸣叫频繁。主要以种子、果实、嫩叶、嫩芽等植物性食物为食，也吃部分昆虫，特别是繁殖期。

生　境　栖息于低山、丘陵平原和村落附近的乔木林中，也见于果园、城市公园和庭院中的高大树上。

居留型　冬候鸟。

种群状况　分布于东亚至东南亚北部。国内除西部地区和海南外广泛分布，种群数量大且稳定。保护区内冬季常见。

郎泽东　摄

郎泽东　摄

163 黑头蜡嘴雀（燕雀科 Fringillidae）

Eophona personata

《中国生物多样性红色名录》近危（NT）
《IUCN红色名录》无危（LC）

特 征▶ 中型鸟类，体长21~24cm。雄鸟嘴粗大，头黑色，上体灰褐色；两翼和尾黑色，具金属光泽，翅上有白色翅斑；下体淡褐灰，腹以下白色。雌鸟体色与雄鸟相似，但上体多为褐灰色，腹灰白。虹膜淡褐色，嘴黄绿色，脚肉黄色。

习 性▶ 繁殖期5—7月。喜结群，常成数只或10余只的小群，也有数十和近百只的大群。性活泼，胆小畏人，善于藏匿，常在林间跳跃，稍有声响或有人走近，立刻藏匿于枝叶间或飞走。平时少鸣叫，繁殖期则喜欢鸣唱。食性较杂，繁殖期间以昆虫为食，秋、冬季节以植物果实和种子为多，尤其喜欢吃红松种子。

生 境▶ 栖息于海拔1300m以下的乔木林和平原杂木林中，也见于果园、城市公园和农田地边的树上。

居留型▶ 冬候鸟。

种群状况▶ 分布于西伯利亚东部、中国东北、朝鲜及日本，越冬至中国南方。国内繁殖于东北长白山及小兴安岭，经华北、华东至南方越冬，国内种群数量趋势稳定。保护区内较为罕见，常与黑尾蜡嘴雀混群。

陈光辉 摄

戴美杰 摄

164 凤头鹀（鹀科 Emberizidae）
Melophus lathami

《中国生物多样性红色名录》无危（LC）
《IUCN红色名录》未评估（NE）

特 征 小型鸟类，体长14~16cm。雄鸟全身几乎为具金属光泽的黑色，具明显羽冠，两翅、尾及尾上覆羽栗红色。雌鸟具褐色羽冠，较短；上体橄榄褐色，翼暗褐色且具栗色羽缘；尾褐色，具栗色楔状斑；下体灰褐色，具黑色纵纹。虹膜暗褐色，嘴角质褐色，脚赤褐色。

习 性 繁殖期5—8月。繁殖季节成对或单独活动，其他季节多成小群，主要在地上活动和觅食，休息时栖息于电线、树冠和岩石上。性大胆，不畏人，善鸣。主要以草籽、谷粒等植物性食物为食，也吃昆虫和其他小型无脊椎动物。

生 境 栖息于山区和丘陵地带，常出入森林林缘地带和河谷、溪流沿岸的疏林灌丛。

居留型 留鸟。

种群状况 分布于南亚、东亚、东南亚。国内见于华中以南大部分地区，迷鸟至台湾，国内种群数量趋势稳定。保护区内属罕见种，偶有记录。

雌鸟 / 周佳俊 摄

雄鸟 / 温超然 摄

165 蓝鹀（鹀科 Emberizidae）

Emberiza siemsseni

国家二级重点保护野生动物
《中国生物多样性红色名录》无危（LC）
《IUCN红色名录》无危（LC）
中国鸟类特有种

特　征　小型鸟类，体长12~14cm。雄鸟通体石板灰蓝色，腹至尾下覆羽白色；两翅黑褐色且具蓝灰色羽缘，尾羽蓝黑色且具灰蓝色羽缘，外侧尾羽具楔状白斑。雌鸟头、颈、上背、颏、喉、胸均棕黄色，腰至尾上覆羽石板灰色，腹至尾下覆羽白色；两翅黑褐色且具棕褐色羽缘，尾灰褐色，具大型楔状白斑。虹膜暗褐色，嘴黑褐色，脚肉色。

习　性　常单独、成对或结小群，在地上、电线上、山边岩石和幼树上活动觅食。性大胆，不甚畏人。主要以草籽及其他植物的种子等植物性食物为食，也吃昆虫等动物性食物。

生　境　栖息于低山丘陵的乔木林和竹林中，也见于平原、河谷、村落附近的灌丛和竹丛。

居留型　冬候鸟。

种群状况　中国鸟类特有种，繁殖于华中、西北、西南的局部山地的次生林，越冬时向东南扩散至安徽、浙江、福建及两广地区，国内种群数量趋势稳定。保护区内有多次越冬记录。

雌鸟 / 朱英 摄

雄鸟 / 朱英 摄

166 三道眉草鹀（鹀科 Emberizidae）
Emberiza cioides

《中国生物多样性红色名录》无危（LC）
《IUCN红色名录》无危（LC）

特 征 小型鸟类，体长13~16cm。雄鸟头顶、枕部及耳羽深栗色，眉纹和颊灰白色，眼先黑色；背、肩栗红色且具黑色羽干纹；两翼和尾羽黑褐色，外侧尾羽具楔状白斑；颏与喉灰白色，前胸具栗色横带，两胁栗色，其余下体渐转棕白。雌鸟头顶、后颈及背浅褐色沾棕色，具黑褐色纵纹；眉纹、颊、下颏、喉棕白色；无栗色胸带。虹膜暗褐色，嘴灰黑色，脚肉色。

温超然 摄

习 性 繁殖期4—7月。冬季常集群活动，繁殖期则单独或成对活动，喜在开阔的草地、灌丛和小树上。性胆怯，见人立刻藏于灌草丛中。繁殖期间主要以昆虫为食，非繁殖期主要以草籽等植物性食物为食。

生 境 栖息于丘陵山坡的灌丛、草丛和山边农田。

居留型 留鸟。

种群状况 国外分布于西伯利亚南部、蒙古，东至日本。国内见于西北、东北大

温超然 摄

部、华中及华东，冬季有时远及台湾及南部沿海地区，国内种群数量趋势稳定。保护区周边记录较多，保护区内偶见。

167 小鹀（鹀科 Emberizidae）
Emberiza pusilla

《中国生物多样性红色名录》无危（LC）
《IUCN红色名录》无危（LC）

特 征 小型鸟类，体长12~14cm。雄鸟头顶具栗色粗冠纹，两侧黑色；眉纹棕黄色，眼先及耳羽栗色；上体沙褐色，具黑褐色羽干纹；两翼及尾羽黑褐色，外侧尾羽具楔状白斑；下体近灰白色，胸及两胁具黑褐色纵纹。雌鸟体色与雄鸟相似，但头部栗色和黑色较淡；上体暗褐色较多，下体黑褐色显著。虹膜褐色，嘴黑褐色，脚肉褐色。

习 性 繁殖期6—7月。除繁殖期外，常成几只或10余只小群活动于地上、草丛和灌丛，见人立即藏匿，也常与其他鹀类混群活动。主要以种子、果实等植物性食物为食，也吃昆虫等动物性食物。

生 境 栖息于丘陵山麓及平原地带的灌丛、草地、小树丛、农田。

居留型 冬候鸟。

种群状况 繁殖于欧洲极北部及亚洲北部，冬季南迁至印度东北部、中国及东南亚。中国迁徙季节常见于东部各地，越冬于新疆极西部、华中、华东和华南的大部分地区，国内种群数量趋势稳定。冬季保护区内偶有记录。

郎泽东 摄

郎泽东 摄

168 白眉鹀（鹀科 Emberizidae）
Emberiza tristrami

《中国生物多样性红色名录》近危（NT）
《IUCN红色名录》无危（LC）

特 征 小型鸟类，体长14~16cm。雄鸟头黑色，中央冠纹、眉纹均白色，极为醒目；背、肩栗褐色且具黑色纵纹，腰及尾上覆羽棕红色；颊、喉污灰色，胸栗色，其余下体棕白色，两胁具栗色条纹。雌鸟头部不为黑色而为褐色，颊、喉白色，上体及胸羽色都较雄鸟淡。虹膜黑褐色，嘴角质褐色，脚肉黄色。

习 性 繁殖期5—7月。除繁殖期外，多成家族群或小群活动。性胆怯，善隐蔽，常在灌丛和草丛中活动觅食，很少暴露在外。主要以草籽等植物性食物为食，也吃昆虫等动物性食物。

温超然 摄

生 境 栖息于低山丘陵地带的林缘次生灌丛和农田边草丛中，不喜无林的开阔地带。

居留型 冬候鸟。

种群状况 分布于西伯利亚的邻近地区，偶见于缅甸北部及越南北部。中国繁殖于东北，越冬于南方，国内种群数量大且趋势稳定。保护区内冬季非常常见，多处有观测记录。

温超然 摄

169 黄喉鹀（鹀科 Emberizidae）
Emberiza elegans

《中国生物多样性红色名录》无危（LC）
《IUCN红色名录》无危（LC）

特　征 小型鸟类，体长13~15cm。雄鸟头顶黑色，有短而直的黑色羽冠；眉纹前白后黄，延至后颈；嘴基、眼先、颊、耳羽棕黑色；上体暗栗褐色，翅上有2道棕白色翼斑；颏黑色，喉上黄下白，胸部具一半月形黑斑；两胁具栗色纵纹。雌鸟羽色较淡，头顶褐色，胸部不具黑斑而呈棕黄色横斑。虹膜褐色，嘴黑褐色，脚肉色。

习　性 繁殖期5—7月。常成5~10只小群在灌丛和草丛间活动。性活泼而胆小，多在灌草丛间或地上觅食。主要以昆虫为食，繁殖期间几全吃昆虫，平时也吃少量蜘蛛等其他小型无脊椎动物和小麦等植物性食物。

生　境 栖息于丘陵地带的林缘灌丛和草丛中，尤喜河流沿岸疏林灌草丛。

居留型 冬候鸟。

种群状况 国外分布于朝鲜半岛、日本及西伯利亚东南部。国内常见繁殖于东北、华北、华中，越冬于沿海各省份、西南，国内种群数量趋势稳定。保护区内冬季较为常见，各处均有记录。

温超然　摄

温超然　摄

温超然　摄

170 灰头鹀（鹀科 Emberizidae）
Emberiza spodocephala

《中国生物多样性红色名录》无危（LC）
《IUCN红色名录》无危（LC）

特　征　小型鸟类，体长13~15cm。雄鸟嘴基、眼先黑色，头、颈、胸橄榄绿灰色，肩背棕褐色且具黑褐色羽干纹；两翅和尾羽黑色，外侧尾羽具大型楔状白斑；腹及尾下覆羽灰黄色，两胁具棕褐色纵纹。雌鸟头和上体灰红褐色且具黑色纵纹；腰和尾上覆羽无纵纹，有一淡皮黄色眉纹；下体白色或黄色，胸和两胁具黑色纵纹；嘴基、眼先、颊、颏不为黑色；其余同雄鸟。虹膜暗褐色，嘴黑褐色，脚肉色。

郎泽东　摄

习　性　繁殖期5—7月。常成家族群或小群活动，活动范围不大，且较固定。一般在地上或低矮的灌丛、草丛活动和觅食，很少上树。主要以昆虫等小型无脊椎动物为食，也吃果实、种子等植物性食物。非繁殖期主要以草籽、谷粒及其他植物种子为食。

生　境　栖息于林缘地带的灌丛、草丛、草地和田间，也见于果园、居民点附近的灌丛。

居留型　冬候鸟。

郎泽东　摄

种群状况　国外繁殖于西伯利亚、日本。中国繁殖于东北及中西部地区，越冬至南方，国内种群数量趋势稳定。保护区内冬季常见，各处均有记录。

171 栗鹀（鹀科 Emberizidae）

Emberiza rutila

《中国生物多样性红色名录》无危（LC）
《IUCN红色名录》无危（LC）

特 征 小型鸟类，体长12~15cm。雄鸟头、颈、上体、尾上覆羽及下颏至前胸均鲜栗色；两翅及尾羽黑褐色，具灰白色羽缘；胸、腹等下体鲜黄色，两胁灰褐色沾黄。雌鸟上体橄榄褐色，具黑褐色羽干纹；颏、前胸污黄色且具黑褐细纹，两胁多褐色纵纹，下体余部黄绿色。虹膜褐色，嘴褐色，脚灰红色。

习 性 繁殖期6—8月。单独活动，也成小群，常在地面觅食，叫声单调，但繁殖期鸣声悦耳。主要以种子、果实、叶、芽等植物性食物为食，也吃昆虫。

生 境 栖息于较为开阔的疏林中，尤其喜欢河流、湖泊、林缘地带的杂木林和灌丛。

居留型 旅鸟。

种群状况 繁殖于西伯利亚南部及外贝加尔泰加林的南部，越冬至中国南方及东南亚。栗鹀在中国是较常见的迁徙鸟类，在大兴安岭为夏候鸟，在华南地区为冬候鸟，在其他地区为旅鸟，国内种群数量趋势稳定。保护区内迁徙季节记录较多。

雌鸟/温超然 摄

雄鸟/温超然 摄

参考文献
REFERENCES

1. 丁平，张正旺，梁伟，等.中国森林鸟类.长沙：湖南科学技术出版社，2014.

2. 国家林业和草原局，农业农村部.国家重点保护野生动物名录[EB/OL]. (2021-02-05) [2021-10-13]. http://www.forestry.gov.cn/main/3457/20210205/122612568723707.html.

3. 环境保护部，中国科学院.关于发布《中国生物多样性红色名录—脊椎动物卷》的公告[EB/OL]. (2015-05-21) [2021-10-05]. http://www.mee.gov.cn/gkml/hbb/bgg/201505/t20150525_302233. htm.

4. 刘茂春，施德法.安吉龙王山天然森林植被的研究.浙江林学院学报，1991，8(3): 88-98.

5. 曲利明.中国鸟类图鉴：便携版.北京：海峡出版发行集团，海峡书局，2014.

6. 苏秀，朱曦.龙王山自然保护区生物物种多样性及其保护.林业调查规划，2007，32(1): 76-79.

7. 元晖."龙王山自然保护区野生动物资源调查"过鉴定.浙江林学院学报，2000(3): 56.

8. 约翰·马敬能，卡伦·菲利普斯，何芬奇.中国鸟类野外手册.长沙：湖南教育出版社，2000.

9. 张荣祖.中国动物地理.北京：科学出版社，2011.

10. 赵欣如.中国鸟类图鉴.北京：商务印书馆，2019.

11. 赵正阶.中国鸟类志：上卷 非雀形目.长春：吉林科学技术出版社，1995.

12. 赵正阶.中国鸟类志：下卷 雀形目.长春：吉林科学技术出版社，2001.

13. 浙江省林业局.浙江25种最美鸟类，你见过几种？ [EB/OL]. (2020-04-20)[2021-10-05]. http://lyj. zj.gov.cn/art/2020/4/20/art_1277460_42613725.html.

14. 郑光美.中国鸟类分类与分布名录.第三版.北京：科学出版社，2017.

15. 朱曦，徐旻昱，葛映川，等.浙江龙王山自然保护区鸟类区系.浙江林学院学报，2007，24(1): 77-85.

16. 诸葛阳.浙江动物志·鸟类.杭州：浙江科学技术出版社，1990.

17. IUCN. IUCN Red List of Threatened Species. Version 2021-3. https://www.iucnredlist.org/. 2021.

附 录
APPENDIX

安吉小鲵国家级自然保护区鸟类名录

目、科、种	居留型	地理区系类型	《IUCN红色名录》	《中国生物多样性红色名录》	中国鸟类特有种	保护级别	记录方式
鸡形目GALLIFORMES							
雉科Phasianidae							
1. 灰胸竹鸡Bambusicola thoracica	留鸟	东洋界	LC	LC	+		L/C
2. 勺鸡Pucrasia macrolopha	留鸟	东洋界	LC	LC		国家二级	L/C
3. 白鹇Lophura nycthemera	留鸟	东洋界	LC	LC		国家二级	L/C
4. 白颈长尾雉Syrmaticus ellioti	留鸟	东洋界	NT	VU	+	国家一级	L/C
5. 环颈雉Phasianus colchicus	留鸟	广布种	LC	LC			L
鸽形目COLUMBIFORMES							
鸠鸽科Columbidae							
6. 山斑鸠Streptopelia orientalis	留鸟	东洋界	LC	LC			L/C
7. 珠颈斑鸠Streptopelia chinensis	留鸟	东洋界	LC	LC			L/N
夜鹰目CAPRIMULGIFORMES							
夜鹰科Caprimulgidae							
8. 普通夜鹰Caprimulgus indicus	夏候鸟	东洋界	LC	LC			L
雨燕科Apodidae							
9. 白腰雨燕Apus pacificus	夏候鸟	东洋界	LC	LC			L
鹃形目CUCULIFORMES							
杜鹃科Cuculidae							
10. 红翅凤头鹃Clamator coromandus	夏候鸟	东洋界	LC	LC			L
11. 大鹰鹃Hierococcyx sparverioides	夏候鸟	东洋界	LC	LC			L
12. 四声杜鹃Cuculus micropterus	夏候鸟	东洋界	LC	LC			L
13. 大杜鹃Cuculus canorus	夏候鸟	东洋界	LC	LC			L

续　表

目、科、种	居留型	地理区系类型	《IUCN红色名录》	《中国生物多样性红色名录》	中国鸟类特有种	保护级别	记录方式
14. 中杜鹃Cuculus saturatus	夏候鸟	东洋界	LC	LC			L
15. 小杜鹃Cuculus poliocephalus	夏候鸟	东洋界	LC	LC			L
16. 噪鹃Eudynamys scolopaceus	夏候鸟	东洋界	LC	LC			L
鹤形目GRUIFORMES							
秧鸡科Rallidae							
17. 白胸苦恶鸟Amaurornis phoenicurus	夏候鸟	东洋界	LC	LC			L
18. 红脚田鸡Zapornia akool	留鸟	东洋界	LC	LC			L
鹈形目PELECANIFORMES							
鹭科Ardeidae							
19. 白鹭Egretta garzetta	留鸟	东洋界	LC	LC			L
20. 牛背鹭Bubulcus ibis	夏候鸟	东洋界	LC	LC			L
21. 池鹭Ardeola bacchus	留鸟	东洋界	LC	LC			L
22. 夜鹭Nycticorax nycticorax	留鸟	东洋界	LC	LC			L
鹰形目ACCIPITRIFORMES							
鹰科Accipitridae							
23. 黑冠鹃隼Aviceda leuphotes	夏候鸟	东洋界	LC	LC		国家二级	L
24. 黑鸢Milvus migrans	留鸟	古北界	LC	LC		国家二级	L
25. 蛇雕Spilornis cheela	留鸟	东洋界	LC	NT		国家二级	L/C
26. 凤头鹰Accipiter trivirgatus	留鸟	东洋界	LC	NT		国家二级	L
27. 赤腹鹰Accipiter soloensis	夏候鸟	东洋界	LC	LC		国家二级	L
28. 日本松雀鹰Accipiter gularis	冬候鸟	古北界	LC	LC		国家二级	L/N
29. 松雀鹰Accipiter virgatus	留鸟	东洋界	LC	LC		国家二级	L
30. 苍鹰Accipiter gentilis	冬候鸟	古北界	LC	NT		国家二级	L
31. 灰脸鵟鹰Butastur indicus	冬候鸟	古北界	LC	NT		国家二级	L
32. 普通鵟Buteo japonicus	冬候鸟	古北界	LC	LC		国家二级	L
33. 林雕Ictinaetus malaiensis	留鸟	东洋界	LC	VU		国家二级	L
34. 鹰雕Nisaetus nipalensis	留鸟	东洋界	LC	NT		国家二级	L
鸮形目STRIGIFORME							
鸱鸮科Strigidae							
35. 领角鸮Otus lettia	留鸟	东洋界	LC	LC		国家二级	L
36. 红角鸮Otus sunia	留鸟	东洋界	LC	LC		国家二级	L
37. 黄嘴角鸮Otus spilocephalus	留鸟	东洋界	LC	NT		国家二级	S
38. 雕鸮Bubo bubo	留鸟	东洋界	LC	NT		国家二级	
39. 领鸺鹠Glaucidium brodiei	留鸟	东洋界	LC	LC		国家二级	L/C
40. 斑头鸺鹠Glaucidium cuculoides	留鸟	东洋界	LC	LC		国家二级	L

目、科、种	居留型	地理区系类型	《IUCN红色名录》	《中国生物多样性红色名录》	中国鸟类特有种	保护级别	记录方式
41. 日本鹰鸮 *Ninox japonica*	冬候鸟	东洋界	LC	DD		国家二级	L
犀鸟目BUCEROTIFORMES							
戴胜科Upupidae							
42. 戴胜 *Upupa epops*	留鸟	东洋界	LC	LC			L
佛法僧目CORACIIFORMES							
佛法僧科Coraciidae							
43. 三宝鸟 *Eurystomus orientalis*	夏候鸟	东洋界	LC	LC			L
翠鸟科Alcedinidae							
44. 普通翠鸟 *Alcedo atthis*	留鸟	东洋界	LC	LC			L
45. 蓝翡翠 *Halcyon pileata*	夏候鸟	东洋界	LC	LC			L
46. 冠鱼狗 *Megaceryle lugubris*	留鸟	东洋界	LC	LC			L
啄木鸟目PICFORMES							
拟啄木鸟科Capitonidae							
47. 大拟啄木鸟 *Psilopogon virens*	留鸟	东洋界	LC	LC			L
48. 黑眉拟啄木鸟 *Psilopogon faber*	留鸟	东洋界	LC	LC			L
啄木鸟科Picidae							
49. 斑姬啄木鸟 *Picumnus innominatus*	留鸟	东洋界	LC	LC			L
50. 星头啄木鸟 *Dendrocopos canicapillus*	留鸟	东洋界	LC	LC			L
51. 大斑啄木鸟 *Dendrocopos major*	留鸟	东洋界	LC	LC			L
52. 灰头绿啄木鸟 *Picus canus*	留鸟	东洋界	LC	LC			L/C
隼形目FALCONIFORMES							
隼科Falconidae							
53. 红隼 *Falco tinnunculus*	留鸟	东洋界	LC	LC		国家二级	L/C
54. 游隼 *Falco peregrinus*	冬候鸟	古北界	LC	NT		国家二级	L
雀形目PASSERIFORMES							
黄鹂科Oriolidae							
55. 黑枕黄鹂 *Oriolus chinensis*	夏候鸟	东洋界	LC	LC			L
莺雀科Vireondiae							
56. 淡绿鹀鹛 *Pteruthius xanthochlorus*	留鸟	东洋界	LC	NT			L
山椒鸟科Campephagidae							
57. 暗灰鹃鵙 *Lalage melaschistos*	夏候鸟	东洋界	LC	LC			L
58. 小灰山椒鸟 *Pericrocotus cantonensis*	夏候鸟	东洋界	LC	LC			L
59. 灰喉山椒鸟 *Pericrocotus solaris*	留鸟	东洋界	LC	LC			L
卷尾科Dicruridae							
60. 黑卷尾 *Dicrurus macrocercus*	夏候鸟	东洋界	LC	LC			L

续 表

目、科、种	居留型	地理区系类型	《IUCN红色名录》	《中国生物多样性红色名录》	中国鸟类特有种	保护级别	记录方式
61. 发冠卷尾 Dicrurus hottentottus	夏候鸟	东洋界	LC	LC			L
王鹟科 Monarvhidae							
62. 寿带 Terpsiphone incei	夏候鸟	东洋界	LC	NT			
伯劳科 Laniidae							
63. 虎纹伯劳 Lanius tigrinus	夏候鸟	古北界	LC	LC			L
64. 红尾伯劳 Lanius cristatus	夏候鸟	古北界	LC	LC			L
65. 棕背伯劳 Lanius schach	留鸟	东洋界	LC	LC			L
鸦科 Corvidae							
66. 松鸦 Garrulus glandarius	留鸟	古北界	LC	LC			L/C
67. 灰喜鹊 Cyanopica cyanus	留鸟	古北界	LC	LC			
68. 红嘴蓝鹊 Urocissa erythroryncha	留鸟	东洋界	LC	LC			L/C
69. 灰树鹊 Dendrocitta formosae	留鸟	东洋界	LC	LC			L/C
70. 喜鹊 Pica pica	留鸟	古北界	LC	LC			L
71. 大嘴乌鸦 Corvus macrorhynchos	留鸟	古北界	LC	LC			L
山雀科 Paridae							
72. 黄腹山雀 Pardaliparus venustulus	留鸟	东洋界	LC	LC	+		L
73. 大山雀 Parus cinereus	留鸟	东洋界	LC	LC			L/N/C
百灵科 Alaudidae							
74. 小云雀 Alauda gulgula	留鸟	东洋界	LC	LC			L
扇尾莺科 Cisticolidae							
75. 棕扇尾莺 Cisticola juncidis	留鸟	东洋界	LC	LC			L
76. 纯色山鹪莺 Prinia inornata	留鸟	东洋界	LC	LC			L
鳞胸鹪鹛科 Pnoepygidae							
77. 小鳞胸鹪鹛 Pnoepyga pusilla	留鸟	东洋界	LC	LC			L
燕科 Hirundinidae							
78. 家燕 Hirundo rustica	夏候鸟	东洋界	LC	LC			L
79. 金腰燕 Cecropis daurica	夏候鸟	东洋界	LC	LC			L
80. 烟腹毛脚燕 Delichon dasypus	留鸟	古北界	LC	LC			L
鹎科 Pycnonntidae							
81. 领雀嘴鹎 Spizixos semitorques	留鸟	东洋界	LC	LC			L
82. 黄臀鹎 Pycnonotus xanthorrhous	留鸟	东洋界	LC	LC			L
83. 白头鹎 Pycnonotus sinensis	留鸟	东洋界	LC	LC			L
84. 栗背短脚鹎 Hemixos castanonotus	留鸟	东洋界	LC	LC			L/C
85. 绿翅短脚鹎 Ixos mcclellandii	留鸟	东洋界	LC	LC			L
86. 黑短脚鹎 Hypsipetes leucocephalus	留鸟	东洋界	LC	LC			L

目、科、种	居留型	地理区系类型	《IUCN红色名录》	《中国生物多样性红色名录》	中国鸟类特有种	保护级别	记录方式
柳莺科Phylloscopidae							
87. 褐柳莺Phylloscopus fuscatus	旅鸟	古北界	LC	LC			L
88. 黄腰柳莺Phylloscopus proregulus	冬候鸟	古北界	LC	LC			L
89. 黄眉柳莺Phylloscopus inornatus	冬候鸟	古北界	LC	LC			L
90. 极北柳莺Phylloscopus borealis	冬候鸟	古北界	LC	LC			L
91. 华南冠纹柳莺Phylloscopus goodsoni	留鸟	东洋界	LC	LC			L
92. 栗头鹟莺Seicercus castaniceps	夏候鸟	东洋界	LC	LC			L
树莺科Cettiidae							
93. 鳞头树莺Urosphena squameiceps	旅鸟	古北界	LC	LC			L
94. 远东树莺Horornis canturians	冬候鸟	东洋界	LC	LC			
95. 强脚树莺Horornis fortipes	留鸟	东洋界	LC	LC			L
96. 棕脸鹟莺Abroscopus albogularis	留鸟	东洋界	LC	LC			L/C
长尾山雀科Aegithalidae							
97. 银喉长尾山雀Aegithalos glaucogularis	留鸟	古北界	LC	LC	+		L
98. 红头长尾山雀Aegithalos concinnus	留鸟	东洋界	LC	LC			L/C
莺鹛科Sylviidae							
99. 灰头鸦雀Psittiparus gularis	留鸟	东洋界	LC	LC			L
100. 棕头鸦雀Sinosuthora webbiana	留鸟	东洋界	LC	LC			L
101. 短尾鸦雀Neosuthora davidiana	留鸟	东洋界	LC	NT		国家二级	L
绣眼鸟科Zosteropidae							
102. 暗绿绣眼鸟Zosterops japonicus	留鸟	东洋界	LC	LC			L
103. 栗耳凤鹛Yuhina castaniceps	留鸟	东洋界	LC	LC			L/C
林鹛科Timaliidae							
104. 华南斑胸钩嘴鹛Erythrogenys swinhoei	留鸟	东洋界	LC	LC	+		L
105. 棕颈钩嘴鹛Pomatorhinus ruficollis	留鸟	东洋界	LC	LC			L/N/C
106. 红头穗鹛Cyanoderma ruficeps	留鸟	东洋界	LC	LC			L/N
幽鹛科Pellorneidae							
107. 灰眶雀鹛Alcippe morrisonia	留鸟	东洋界	LC	LC			L/N/C
噪鹛科Leiothrichidae							
108. 黑脸噪鹛Garrulax perspicillatus	留鸟	东洋界	LC	LC			L/C
109. 小黑领噪鹛Garrulax monileger	留鸟	东洋界	LC	LC			L/C
110. 黑领噪鹛Garrulax pectoralis	留鸟	东洋界	LC	LC			L/C
111. 灰翅噪鹛Garrulax cineraceus	留鸟	东洋界	LC	LC			L
112. 棕噪鹛Garrulax poecilorhynchus	留鸟	东洋界	LC	LC	+	国家二级	L/C
113. 画眉Garrulax canorus	留鸟	东洋界	LC	NT		国家二级	L/C

续表

目、科、种	居留型	地理区系类型	《IUCN红色名录》	《中国生物多样性红色名录》	中国鸟类特有种	保护级别	记录方式
114. 白颊噪鹛 *Garrulax sannio*	留鸟	东洋界	LC	LC			L
115. 红嘴相思鸟 *Leiothrix lutea*	留鸟	东洋界	LC	LC		国家二级	L/N/C
鸭科 Sittidae							
116. 普通䴓 *Sitta europaea*	留鸟	古北界	LC	LC			
河乌科 Cinclidae							
117. 褐河乌 *Cinclus pallasii*	留鸟	东洋界	LC	LC			L
椋鸟科 Sturnidae							
118. 八哥 *Acridotheres cristatellus*	留鸟	东洋界	LC	LC			L
119. 丝光椋鸟 *Spodiopsar sericeus*	留鸟	东洋界	LC	LC			L
120. 灰椋鸟 *Spodiopsar cineraceus*	冬候鸟	古北界	LC	LC			L
鸫科 Turdidae							
121. 白眉地鸫 *Geokichla sibirica*	旅鸟	古北界	LC	LC			L
122. 虎斑地鸫 *Zoothera aurea*	冬候鸟	古北界	LC	LC			L/C
123. 灰背鸫 *Turdus hortulorum*	冬候鸟	古北界	LC	LC			L/C
124. 乌鸫 *Turdus mandarinus*	留鸟	东洋界	LC	LC	+		L
125. 白眉鸫 *Turdus obscurus*	旅鸟	古北界	LC	LC			L
126. 白腹鸫 *Turdus pallidus*	冬候鸟	古北界	LC	LC			L/C
127. 红尾斑鸫 *Turdus naumanni*	冬候鸟	古北界	LC	LC			N/C
128. 斑鸫 *Turdus eunomus*	冬候鸟	古北界	LC	LC			L/C
鹟科 Muscicapidae							
129. 红尾歌鸲 *Larvivora sibilans*	旅鸟	古北界	LC	LC			L
130. 北红尾鸲 *Phoenicurus auroreus*	冬候鸟	古北界	LC	LC			L/N
131. 红尾水鸲 *Rhyacornis fuliginosa*	留鸟	东洋界	LC	LC			L
132. 红喉歌鸲 *Calliope calliope*	旅鸟	古北界	LC	LC		国家二级	C
133. 红胁蓝尾鸲 *Tarsiger cyanurus*	冬候鸟	古北界	LC	LC			L/N/C
134. 鹊鸲 *Copsychus saularis*	留鸟	东洋界	LC	LC			L
135. 小燕尾 *Enicurus scouleri*	留鸟	东洋界	LC	LC			L
136. 灰背燕尾 *Enicurus schistaceus*	留鸟	东洋界	LC	LC			L
137. 白额燕尾 *Enicurus leschenaulti*	留鸟	东洋界	LC	LC			L/N/C
138. 黑喉石䳭 *Saxicola maurus*	冬候鸟	古北界	LC	LC			L/N
139. 灰林䳭 *Saxicola ferreus*	留鸟	东洋界	LC	LC			L
140. 栗腹矶鸫 *Monticola rufiventris*	留鸟	东洋界	LC	LC			L/C
141. 蓝矶鸫 *Monticola solitarius*	留鸟	东洋界	LC	LC			L
142. 紫啸鸫 *Myophonus caeruleus*	留鸟	东洋界	LC	LC			L/C
143. 灰纹鹟 *Muscicapa griseisticta*	旅鸟	古北界	LC	LC			L

目、科、种	居留型	地理区系类型	《IUCN红色名录》	《中国生物多样性红色名录》	中国鸟类特有种	保护级别	记录方式
144. 乌鹟Muscicapa sibirica	旅鸟	古北界	LC	LC			L
145. 北灰鹟Muscicapa dauurica	旅鸟	古北界	LC	LC			L
146. 白眉姬鹟Ficedula zanthopygia	旅鸟	古北界	LC	LC			L
147. 白腹蓝鹟Cyanoptila cyanomelana	旅鸟	古北界	LC	LC			L
丽星鹩鹛科Elachuridae							
148. 丽星鹩鹛Elachura formosa	留鸟	东洋界	LC	NT			L
梅花雀科Estrildidae							
149. 白腰文鸟Lonchura striata	留鸟	东洋界	LC	LC			L
150. 斑文鸟Lonchura punctulata	留鸟	东洋界	LC	LC			L
雀科Passeridae							
151. 山麻雀Passer cinnamomeus	留鸟	东洋界	LC	LC			L
152. 麻雀Passer montanus	留鸟	广布种	LC	LC			L
鹡鸰科Motacillidae							
153. 山鹡鸰Dendronanthus indicus	夏候鸟	古北界	LC	LC			L
154. 白鹡鸰Motacilla alba	留鸟	古北界	LC	LC			L/N
155. 灰鹡鸰Motacilla cinerea	留鸟	古北界	LC	LC			L
156. 树鹨Anthus hodgsoni	冬候鸟	古北界	LC	LC			L/N
157. 黄腹鹨Anthus rubescens	冬候鸟	古北界	LC	LC			L
燕雀科Fringillidae							
158. 燕雀Fringilla montifringilla	冬候鸟	古北界	LC	LC			L/C
159. 黄雀Spinus spinus	冬候鸟	古北界	LC	LC			L
160. 金翅雀Chloris sinica	留鸟	广布种	LC	LC			L
161. 锡嘴雀Coccothraustes coccothraustes	冬候鸟	古北界	LC	LC			L
162. 黑尾蜡嘴雀Eophona migratoria	冬候鸟	古北界	LC	LC			L
163. 黑头蜡嘴雀Eophona personata	冬候鸟	古北界	LC	NT			L
鹀科Emberizidae							
164. 凤头鹀Melophus lathami	留鸟	东洋界	LC	LC			L
165. 蓝鹀Emberiza siemsseni	留鸟	东洋界	LC	LC	+	国家二级	L
166. 三道眉草鹀Emberiza cioides	留鸟	古北界	LC	LC			L
167. 白眉鹀Emberiza tristrami	旅鸟	古北界	LC	NT			L/N
168. 小鹀Emberiza pusilla	冬候鸟	古北界	LC	LC			L
169. 黄喉鹀Emberiza elegans	冬候鸟	古北界	LC	LC			L
170. 栗鹀Emberiza rutila	旅鸟	古北界	LC	LC			L/N
171. 灰头鹀Emberiza spodocephala	冬候鸟	古北界	LC	LC			L

注：L为样线法记录；N为网捕法记录；C为红外相机记录；S为声音记录。

中文名索引
INDEX

拉丁名索引
INDEX